Wissenschaftliche Reihe
Fahrzeugtechnik Universität Stuttgart

Reihe herausgegeben von
Michael Bargende, Stuttgart, Deutschland
Hans-Christian Reuss, Stuttgart, Deutschland
Jochen Wiedemann, Stuttgart, Deutschland

Das Institut für Verbrennungsmotoren und Kraftfahrwesen (IVK) an der Universität Stuttgart erforscht, entwickelt, appliziert und erprobt, in enger Zusammenarbeit mit der Industrie, Elemente bzw. Technologien aus dem Bereich moderner Fahrzeugkonzepte. Das Institut gliedert sich in die drei Bereiche Kraftfahrwesen, Fahrzeugantriebe und Kraftfahrzeug-Mechatronik. Aufgabe dieser Bereiche ist die Ausarbeitung des Themengebietes im Prüfstandsbetrieb, in Theorie und Simulation. Schwerpunkte des Kraftfahrwesens sind hierbei die Aerodynamik, Akustik (NVH), Fahrdynamik und Fahrermodellierung, Leichtbau, Sicherheit, Kraftübertragung sowie Energie und Thermomanagement – auch in Verbindung mit hybriden und batterieelektrischen Fahrzeugkonzepten. Der Bereich Fahrzeugantriebe widmet sich den Themen Brennverfahrensentwicklung einschließlich Regelungs- und Steuerungskonzeptionen bei zugleich minimierten Emissionen, komplexe Abgasnachbehandlung, Aufladesysteme und -strategien, Hybridsysteme und Betriebsstrategien sowie mechanisch-akustischen Fragestellungen. Themen der Kraftfahrzeug-Mechatronik sind die Antriebsstrangregelung/Hybride, Elektromobilität, Bordnetz und Energiemanagement, Funktions- und Softwareentwicklung sowie Test und Diagnose. Die Erfüllung dieser Aufgaben wird prüfstandsseitig neben vielem anderen unterstützt durch 19 Motorenprüfstände, zwei Rollenprüfstände, einen 1:1-Fahrsimulator, einen Antriebsstrangprüfstand, einen Thermowindkanal sowie einen 1:1-Aeroakustikwindkanal. Die wissenschaftliche Reihe „Fahrzeugtechnik Universität Stuttgart" präsentiert über die am Institut entstandenen Promotionen die hervorragenden Arbeitsergebnisse der Forschungstätigkeiten am IVK.

Reihe herausgegeben von

Prof. Dr.-Ing. Michael Bargende
Lehrstuhl Fahrzeugantriebe
Institut für Verbrennungsmotoren und
Kraftfahrwesen, Universität Stuttgart
Stuttgart, Deutschland

Prof. Dr.-Ing. Hans-Christian Reuss
Lehrstuhl Kraftfahrzeugmechatronik
Institut für Verbrennungsmotoren und
Kraftfahrwesen, Universität Stuttgart
Stuttgart, Deutschland

Prof. Dr.-Ing. Jochen Wiedemann
Lehrstuhl Kraftfahrwesen
Institut für Verbrennungsmotoren und
Kraftfahrwesen, Universität Stuttgart
Stuttgart, Deutschland

Weitere Bände in der Reihe http://www.springer.com/series/13535

Andreas Singer

Analyse des Einflusses elektrisch unterstützter Lenksysteme auf das Fahrverhalten im On-Center Handling Bereich moderner Kraftfahrzeuge

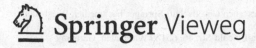

Andreas Singer
IVK, Fakultät 7
Lehrstuhl für Kraftfahrwesen
Universität Stuttgart
Stuttgart, Deutschland

Zugl.: Dissertation Universität Stuttgart, 2019

D93

ISSN 2567-0042 ISSN 2567-0352 (electronic)
Wissenschaftliche Reihe Fahrzeugtechnik Universität Stuttgart
ISBN 978-3-658-29604-9 ISBN 978-3-658-29605-6 (eBook)
https://doi.org/10.1007/978-3-658-29605-6

Springer Vieweg ist ein Imprint der eingetragenen Gesellschaft Springer Fachmedien Wiesbaden
GmbH und ist ein Teil von Springer Nature.
Die Anschrift der Gesellschaft ist: Abraham-Lincoln-Str. 46, 65189 Wiesbaden, Germany

Vorwort

Diese Arbeit entstand während meiner Tätigkeit als wissenschaftlicher Mitarbeiter am Institut für Verbrennungsmotoren und Kraftfahrwesen (IVK) der Universität Stuttgart.

Mein spezieller Dank gilt meinem Doktorvater Herrn Prof. Dr.-Ing. Jochen Wiedemann für die stete Förderung und Unterstützung dieser Arbeit sowie die Übernahme des Hauptberichts. Ebenfalls danke ich Herrn Prof. Dr.-Ing. Stefan Böttinger für die freundliche Übernahme des Mitberichts sowie Herrn Prof. Dr.-Ing. Thomas Maier für die Übernahme der Leitung der Prüfungskommission und der mündlichen Prüfung.

Ein herzlicher Dank gilt auch meinen Kollegen und allen Mitarbeitern der Institute IVK und FKFS der Universität Stuttgart, die durch fachliche Diskussionen zu vertiefenden Erkenntnissen und zum Gelingen dieser Arbeit beigetragen haben. Im Besonderen sei an dieser Stelle Herr Dr.-Ing. Jens Neubeck und Herr Dr.-Ing. Werner Krantz genannt.

Nicht zuletzt möchte ich mich für den Rückhalt und die Unterstützung während des Studiums und der Promotion ganz herzlich bei meiner Frau Rena, meiner Familie und meinem Freundeskreis bedanken.

Mein besonderer Dank gilt meinen Eltern, die mir meine Ausbildung erst ermöglichten. Ihnen ist diese Arbeit gewidmet.

Andreas Singer

Inhaltsverzeichnis

Abbildungsverzeichnis

Tabellenverzeichnis

Formel- und Abkürzungsverzeichnis

Abkürzung	Erklärung
DOF	Freiheitsgrad ("Degree of Freedom")
FFT	Fast-Fourier-Transformation
FKFS	Forschungsinstitut für Kraftfahrwesen und Fahrzeugmotoren Stuttgart
HMU	Handmomentenunterstützung
IVK	Institut für Verbrennungsmotoren und Kraftfahrwesen
PT1	Verzögerung 1. Ordnung
SP	Schwerpunkt
VW	Volkswagen

Symbol	Einheit	Erklärung
$a_{Y,\,SP}$	m/s²	Querbeschleunigung im Schwerpunkt
A	-	Systemmatrix des Fahrzeugmodells in Zustandsraumdarstellung
B	-	Eingangsmatrix des Fahrzeugmodells in Zustandsraumdarstellung
c_r	Nm/rad	Rollsteifigkeit
c_{TB}	Nm/rad	Steifigkeit des Drehstabs ("Torsion Bar")
c_α	N/rad	Achssteifigkeit
C	-	Ausgangsmatrix des Fahrzeugmodells in Zustandsraumdarstellung
d	m	Abstand

Symbol	Einheit	Erklärung
d_r	Nm/(rad/s)	Rolldämpfung
d_{TB}	Nm/(rad/s)	Dämpfung des Drehstabs
D	-	Durchgangsmatrix des Fahrzeugmodells in Zustandsraumdarstellung
F_Y	N	Seitenkraft
h	m	Höhe des Schwerpunkts
h_{RZ}	m	Höhe des Rollzentrums
$i_{Lenk, kin}$	-	kinematische Lenkübersetzung
I_{XX}	kgm²	Trägheitsmoment um die Rollachse
I_{ZZ}	kgm²	Trägheitsmoment um die Fahrzeughochachse
$k_{F, Y}$	m/m	Seitenkraftkoeffizient
k_{RGS}	rad/(rad/s)	Rollgeschwindigkeitskoeffizient
k_{RS}	rad/rad	Rollsteuerkoeffizient Vorderachse
l_V	m	Abstand Schwerpunkt zur Vorderachse
l_H	m	Abstand Schwerpunkt zur Hinterachse
m	kg	Masse des Fahrzeugs
M_{TB}	Nm	Moment am Drehstab
r	m	Wälzkreisradius des Ritzels
s_{ZS}	m	Weg der Zahnstange
u	-	Vektor der Eingangsgrößen des Fahrzeugmodells in Zustandsraumdarstellung
v	m/s	Fahrzeuggeschwindigkeit
x	-	Zustandsvektor des Fahrzeugmodells in Zustandsraumdarstellung
y	-	Vektor der Ausgangsgrößen des Fahrzeugmodells in Zustandsraumdarstellung

Symbol	Einheit	Erklärung
α	rad	Achsschräglaufwinkel
σ_α	m	Einlauflänge
β	rad	Schwimmwinkel
β_H	rad	Achsschräglaufwinkel der Hinterachse
δ_{LR}	rad	Lenkradwinkel
φ	rad	Rollwinkel
$\dot{\psi}$	rad/s	Gierrate

Index	Erklärung
H	Hinterachse
V	Vorderachse

Zusammenfassung

Ein Großteil der Fahrten im Alltag bewegt sich im sogenannten On-Center Handling Bereich. Hierbei handelt es sich um den Geradeauslauf-Bereich bis zu Querbeschleunigungen von ca. 2 m/s². Im On-Center Bereich dominieren die Lenkungseigenschaften das querdynamische Fahrzeugverhalten. Ziel der vorliegenden Arbeit ist die Charakterisierung der fahrdynamisch relevanten Lenkungseigenschaften eines modernen Kraftfahrzeugs mit elektrischer Hilfskraftunterstützung im On-Center Handling Bereich. Dazu wird im Rahmen der Arbeit ein einfaches, lineares Einspurmodell um ein nicht-lineares Zwei-Massen-Lenkungsmodell zu einem Gesamtfahrzeugmodell erweitert, das die relevanten Eigenschaften der Lenkungs- und Fahrzeug-dynamik im On-Center Handling Bereich beschreibt.

Für die Untersuchungen werden Fahrzeugmessungen an einem Fahrzeug der unteren Mittelklasse mit elektrischer Hilfskraftunterstützung durchgeführt. Die Fahrzeugmessungen (Frequenzgänge und Weave Test) beschränken sich auf querdynamische Manöver des On-Center Bereichs. In der Arbeit wird mittels der Analyse von Messdaten im Frequenzbereich gezeigt, dass das querdynamische Fahrzeugverhalten im On-Center Bereich Nichtlinearitäten aufweist und dass diese Nichtlinearitäten im Wesentlichen aus dem Lenk-system resultieren.

Aufgrund dieses Ergebnisses wird zusätzlich zu den Gesamtfahrzeug-messungen die Lenkung auf einem eigens hierfür konzipierten Komponen-tenprüfstand untersucht. Dieser ermöglicht die detaillierte Untersuchung des Lenkgetriebes unter Laborbedingungen. Neben grundlegenden Parametern, wie der Lenkübersetzung und der Steifigkeit des Drehstabs, werden auch die Reibungseigenschaften des Lenkgetriebes detailliert analysiert. Es stellt sich heraus, dass die Reibung eine Geschwindigkeitsabhängigkeit in Form der Stribeck-Kurve aufweist. Neben den klassischen mechanischen Parametern des Lenkgetriebes werden auch zwei wesentliche Komponenten der elek-trischen Hilfskraftunterstützung, die Handmomentenunterstützung (Servo-unterstützung) und der aktive Rücklauf, untersucht und modelliert.

Für die Modellierung kann aufgrund des oben genannten Ergebnisses eine geeignete Schnittstelle zwischen Lenksystem und Fahrzeug definiert werden, über die das nichtlineare Zwei-Massen-Lenkungsmodell mit einem linearen, erweiterten Einspur-Fahrzeugmodell verknüpft werden kann. Das Gesamtfahrzeugmodell bildet sowohl die Fahrzeugmessungen ohne Hilfskraftunterstützung als auch die mit Hilfskraftunterstützung ab.

In einer Sensitivitätsanalyse werden die Auswirkungen der Variation ausgewählter Modellparameter auf typische Hysteresediagramme des Weave Tests und daraus abgeleitete, objektive Kennwerte gezeigt, die in der Literatur als relevant für die subjektive Beurteilung des Lenkgefühls im On-Center Bereichs identifiziert wurden. Im Rahmen der Parametervariation werden Möglichkeiten verdeutlicht, mithilfe der Basis- und Zusatzfunktionalitäten der elektrischen Hilfskraftunterstützung das Lenkungsverhalten im On-Center Bereich direkt zu beeinflussen.

In künftigen Untersuchungen sollte das Lenksystem auf einem Achsprüfstand untersucht werden, der auch das Schwingungsverhalten des Fahrzeugs nachbildet, um gefundene Abweichungen zwischen Komponentenprüfstands- und Gesamtfahrzeugmessungen weitergehend analysieren zu können.

Abstract

Most daily driving on public roads occurs in the on-center handling range, which is around the straight-ahead area with lateral accelerations up to 2 m/s². As a result, this range is of special importance for the subjective driving feel of normal drivers. Due to minimal steering movement in this range, effects appear which are less significant at higher steering angles. One of these effects is friction. Another effect is the power steering support. Around the steering center position, especially at higher vehicle speeds, the power steering support is reduced to increase the directional stability and to avoid the amplification of unintentional steering inputs in the range.

The topic of this research is the evaluation and characterization of the steering system dynamics which are relevant for the description of the driving dynamics of a modern road car with electric power steering, in the on-center range. Therefore, in this thesis a simple linear single track model is extended by a nonlinear 2 DOF steering model to obtain a model of the entire vehicle, which covers the relevant properties and characteristics of the steering and vehicle dynamics in the on-center handling range. With the help of this model the effect of the variation of parameters in the steering system, and especially the power steering support, can be quantified through objective characteristic values.

For this evaluation, vehicle measurements are conducted with a lower mid-size road car with electric power steering. The test vehicle is equipped with measurement systems to record the vehicle response to steering input. The measurement equipment contains an inertial measurement unit (strap-down platform), a measurement steering wheel, laser distance sensors, an optical velocity sensor, a linear potentiometer to measure the steering rack travel as well as strain gauged toe links to measure the lateral forces onto the steering rack.

The measurements conducted (frequency response and weave test) are limited to lateral dynamic maneuvers of the on-center handling range. The evaluation of measurement data in the frequency domain exhibits that the magnitude of the frequency response of yaw rate due to steering wheel angle is dependent on the predominant dimension of lateral acceleration. However, the magnitude of the frequency response of yaw rate due to steering rack travel of the same measurement data is independent of the predominant dimension of lateral acceleration. This shows, that the lateral vehicle dynamics within the on-center range contain nonlinearities and furthermore that those nonlinearities result mostly from the steering system.

Due to this result it is sufficient to model the lateral vehicle dynamics with a linear model. The steering rack travel and the force onto the steering rack are defined as the interface between the linear vehicle model and the nonlinear steering system model. A single track model enhanced by a DOF of rolling and by axle dynamics is used as the linear lateral vehicle dynamics model. Frequency domain data is used for the validation of the vehicle model.

For further evaluation of the steering system, based on this result, a test rig is designed with the aim of providing laboratory measurements of the components of the steering system. In addition to basic parameters such as the steering ratio and the torsion bar stiffness, the focus relies on the detailed analysis of the friction within the steering gear. A speed dependency of the friction of the steering gear similar to the Stribeck curve can be found. The level of stiction in the steering gear found with the test rig is, to some extent, significantly higher than the sliding friction. The reason for this is possibly the missing vibration excitement on the test rig compared to the test vehicle.

A load direction dependency of the friction in the steering gear cannot be found. However, with high loads occurring in the configuration without power steering support, a load dependency of the friction in the steering gear can be identified at the test rig. For this evaluation, a force control was implemented in the test rig, which applies a constant external force onto the steering rack. The load dependency of the friction found at the test rig, however, cannot be confirmed in the validation of the complete model.

Aside from the classical mechanical parameters of the steering gear, two substantial components of the electric power steering, the assisting force and active return function, are analyzed and modeled. The assisting force shows exponential behavior depending on the torque of the torsion bar. The active return function is modeled as a function of the steering wheel angle.

Based on the result from the vehicle measurements outlined above, a suitable interface within the vehicle model can be defined, with which the nonlinear 2 DOF steering model and the linear extended single track model can be linked. On the one hand, the steering wheel angle signal in time domain, which contains data from the on-center handling range including steering steps is used for the validation of the model. On the other hand, the weave test maneuver is used to validate the model against measurement data. Besides the subjective assessment of the comparison of simulation and measurement on the basis of commonly used hysteresis charts from the weave test, objective characteristic values derived from these hysteresis charts are used as well. These characteristic values are linked to subjective steering feel in the on-center range in literature. The validation is done in this way for both cases, with and without power steering support.

In a sensitivity analysis, the effect of the variation of selected parameters onto the typical hysteresis graphs of the weave test, and hence derived characteristic values which were also used for the validation of the model, are shown. Within the sensitivity analysis, there are possibilities shown which directly affect the steering behavior in the on-center area with the shape of the assisting force and the additional steering functions of the electric power steering.

Further analyses of the steering system on an axle rig with vertical oscillation excitement is proposed to resolve the few discrepancies found between the component measurements conducted in the lab and the road measurements of the vehicle.

1 Einleitung

1.1 Darstellung des Entwicklungsprozesses eines Automobils

Im Zeitalter der globalen Märkte konkurrieren Automobilhersteller heute weltweit miteinander. Um hierbei erfolgreich zu sein, ist ein weitgefächertes Portfolio erforderlich. Ziel ist es, für jeden Kunden bzw. Kundenwunsch ein entsprechendes Fahrzeug anbieten zu können. Als Folge dessen steigt die Modell- und Variantenvielfalt [50]. Dies wiederum zieht einen erhöhten Abstimmungsaufwand seitens der Entwicklungsabteilungen nach sich.

Neben einer Steigerung der Vielfalt von Fahrzeugmodellen und -varianten sind immer kürzer werdende Produktzyklen von Automobilen zu beobachten. Als Beispiel seien die Jahreszahlen der Markteinführung von verschiedenen Fahrzeugen genannt. Der VW Golf I kam 1974 auf den Markt. Bis zur Markteinführung des Nachfolgemodells im Jahr 1983 vergingen 10 Jahre. Auch der Golf II wurde über einen Zeitraum von 10 Jahren produziert. Die beiden Nachfolgermodelle, Golf III und Golf IV bereits 7 Jahre nach ihren Vorgängermodellen. Der Produktionszeitraum des Golf VI entspricht mit 5 Jahren nunmehr nur noch der Hälfte dessen des Golf I und Golf II (siehe Abbildung 1.1).

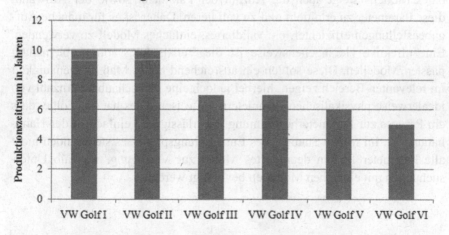

Abbildung 1.1: Übersicht über den Produktionszeitraum in Jahren der einzelnen Generationen des VW Golf [55]

© Springer Fachmedien Wiesbaden GmbH, ein Teil von Springer Nature 2020
A. Singer, *Analyse des Einflusses elektrisch unterstützter Lenksysteme auf das Fahrverhalten im On-Center Handling Bereich moderner Kraftfahrzeuge*,
Wissenschaftliche Reihe Fahrzeugtechnik Universität Stuttgart,
https://doi.org/10.1007/978-3-658-29605-6_1

Diese immer schnellere Modellwechselrate geht mit einer Verkürzung der Entwicklungszeit einher [50]. Dessen ungeachtet, nimmt die technische Ausgereiftheit des Produkts Automobils mit jeder Generation weiter zu. Dies ist notwendig, um dem Kunden stetig neue, bessere Fahrzeuge anbieten zu können, um somit Argumente für den Neukauf zu liefern. Dies ist oftmals nur mit konsequenter Detailoptimierung zu erzielen. Zunehmend halten immer mehr aktive Systeme Einzug in neue Fahrzeuge. Dies trägt zum einen zur Erhöhung der Sicherheit als auch zu höherem Komfort bei. Dies stellt eine wachsende Anzahl an Designparametern für die Entwicklungsingenieure dar. Immer neue „Features" werden entwickelt und integriert. Dies hat zur Folge, dass der Abstimmungsaufwand stetig ansteigt.

All die genannten Punkte führen zu einer steigenden Nachfrage und immer höheren Relevanz von digitalen Entwicklungsmethoden im Entstehungsprozess von Automobilen. Grundlage von digitalen Entwicklungsmethoden sind digitale Fahrzeuge, d.h. Fahrzeugmodelle. Es existieren unterschiedliche Fahrzeugmodelle in verschiedenen Detailierungsgraden. Die Spanne reicht von einfachen linearen Modellen bis hin zu komplexen nichtlinearen Modellen, die eine sehr hohe Detailtiefe bieten. Entsprechend der Detaillierung eines Modells steigt auch die Anzahl der Parameter sowie der Aufwand, diese Parameter zu ermitteln und zu validieren. Daher ist es für manche Aufgabenstellungen effizienter, ein validiertes, einfaches Modell zu verwenden. Eine effektive Herangehensweise ist die Verwendung von problemangepassten Modellen. Diese sollten ein ausreichend hohes Maß an Genauigkeit im relevanten Bereich zeigen, hierbei jedoch eine überschaubare Anzahl von idealerweise physikalischen Parametern aufweisen. Dies hat zur Folge, dass ein Prozess zur Parameterbestimmung zuverlässig und einfach in der Handhabung ist. Im frühen Stadium des Entwicklungsprozesses stehen noch nicht alle Parameter für ein detailliertes Model zur Verfügung, weshalb Untersuchungen mit einfachen Modellen bevorzugt werden.

1.2 Relevanz des On-Center Handling Bereichs

Der Normalfahrer bewegt sein Fahrzeug zu einem hohen Zeitanteil in Querbeschleunigungsbereichen, die verglichen mit dem möglichen Grenzbereich gering bis moderat sind. Aufgrund dessen ist für das subjektive Fahrgefühl des Kunden dieser Bereich speziell relevant [38]. Für viele Normalfahrer stellt der On-Center Bereich die wesentliche Bewertungsgrundlage des Fahrverhaltens dar. Insbesondere bei Fahrten mit höheren Geschwindigkeiten, wie z. B. auf Autobahnen oder Bundesstraßen, bei denen eine weitestgehend gerade Verkehrsführung charakteristisch ist, dominieren kleine Lenkwinkel. Die aufgebrachten Lenkbewegungen dienen primär der Kurshaltung, d.h. dem Folgen des Straßenverlaufs sowie der Ausregelung von Abweichungen. Die Ursache dieser Abweichungen können Spurrillen, Fahrbahnquerneigung, Seitenwind, Verkehrssituationen sowie Asymmetrien in Reifen oder Fahrwerk sein. Dieser Bereich wird On-Center Bereich genannt, da sich das Lenkrad nahe der Mittel- oder Geradeausstellung befindet. In der Literatur wird als Grenze eine Querbeschleunigung von bis zu 2 m/s² angegeben [10]. Abbildung 1.2 zeigt beispielhaft, die im realen Fahrbetrieb während einer ca. 80 km langen Versuchsfahrt mit einem Fahrzeug der Kompaktklasse auf trockener Fahrbahn erreichten Fahrzeugbeschleunigungen für zwei verschiedene Fahrertypen anhand eines g-g-Diagramms.

Aufgrund der oftmals sehr geringen Lenkbewegungen kommen Effekte zum Tragen, die bei größeren Lenkbewegungen weniger relevant sind. An dieser Stelle sei insbesondere die Reibung genannt. Ein weiterer Effekt ist die Hilfskraftunterstützung. Da um die Mittellage der Lenkung herum, speziell bei Fahrten mit hoher Geschwindigkeit keine zu große Unterstützung gewünscht ist, um ungewollt heftige Lenkanregungen zu verstärken, wird die Unterstützung in diesem Bereich reduziert. Elektrische Hilfskraftunterstützungssysteme weisen eine geschwindigkeitsabhängige Unterstützung auf, die zu einer besseren Kontrolle der Lenkmanöver bei höheren Geschwindigkeiten beitragen soll [36].

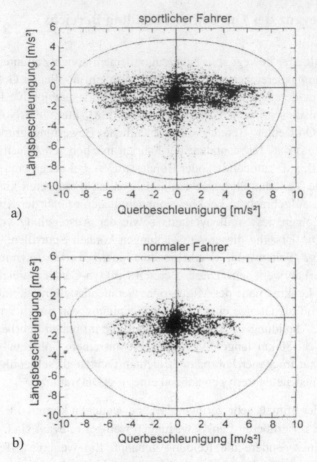

a)

b)

Abbildung 1.2: Erreichte Fahrzeugbeschleunigungen im realen Fahrbetrieb bei einer Versuchsfahrt für einen sportlichen Fahrer (a) und einen normalen Fahrer (b) [2]

1.3 Ziel der Arbeit

In Kombination aus den Trends der beschriebenen Entwicklungsprozesse in der Automobilindustrie sowie der genannten Relevanz des On-Center Bereichs leitet sich das Ziel dieser Arbeit wie folgt ab:

Ziel dieser Arbeit ist es, die Möglichkeiten elektrisch unterstützter Lenksysteme für das Lenkungsempfinden im On-Center Bereich aufzuzeigen. Hierfür soll ein möglichst einfaches Modell entwickelt werden, das die Fahrzeugquerdynamik im On-Center Handling Bereich abdeckt. Mithilfe des Modells soll die Auswirkung der Änderung einzelner Parameter des Lenksystems, insbesondere der Hilfskraftunterstützung, mit objektiven Kennwerten dargestellt werden.

Die weiteren Einsatzgebiete eines solchen Modells sind vielfältig. So lässt sich ein solches Modell beispielsweise als Werkzeug in den digitalen Entwicklungsprozess einbringen, wo es als Modell für den Verbund Lenksystem und Fahrzeug zum Einsatz kommen kann. Für Untersuchungen das subjektive Empfinden betreffend, kann es in Fahrsimulatoren zum Einsatz kommen, um eine genaue Rückmeldung über die Interaktion zwischen Fahrer und Fahrzeug zu geben. Hierdurch können Variationen an Parametern für den Versuchsingenieur oder Probanden schnell spürbar bzw. erlebbar gemacht werden.

2 Stand der Technik

Dieses Kapitel gibt einen Überblick über bestehende querdynamisch relevante Fahrzeug- und Lenkungsmodelle sowie Kennwerte, die den On-Center Handling Bereich beschreiben.

2.1 Fahrzeugmodell - Literaturübersicht

In der Literatur findet sich eine Vielzahl von Fahrzeugmodellen. Diese lassen sich unter anderem anhand ihrer Komplexität unterscheiden. Je nach Fragestellung und Einsatzzeitpunkt im Entwicklungsprozess eines Automobils werden Modelle mit unterschiedlicher Komplexität eingesetzt. Für grundlegende Fragestellungen, z. B. in der Vorauslegung, sind manche Fahrzeugparameter beispielsweise noch nicht bekannt, weshalb hier einfache Modelle verwendet werden. Für die Detailoptimierung gegen Ende des Entwicklungsprozesses hingegen, kommen entsprechend komplexere Modelle zum Einsatz.

Für querdynamische Fragestellungen im Bereich linearen Fahrzeugverhaltens wird häufig das sogenannte Einspurmodell [40] herangezogen. Aufgrund vieler Vereinfachungen weist dieses Modell nur eine geringe Anzahl an Parametern auf. Dennoch liefert es für grundlegende Fragestellungen hinreichend genaue Ergebnisse. Um den Anwendungsbereich des Einspurmodells auszudehnen, hat es diverse Erweiterungen erfahren.

Effekte, die durch die Einspurigkeit zunächst nicht berücksichtigt werden, wie z. B. die Radlastverlagerung, können über eine angepasste Achskennlinie [35] beschrieben werden. Um die Genauigkeit bei höheren Querbeschleunigungen zu verbessern, wird beispielsweise die lineare Achssteifigkeit des klassischen Einspurmodells durch eine nichtlineare Kurve angenähert, die den nichtlinearen, degressiven Reifenkraftverlauf wiedergibt [16, 17].

Eine wesentliche und weitverbreitete Erweiterung des klassischen Einspurmodells ist die Einführung des Wankfreiheitsgrads [46]. Damit einher geht die Anhebung des Schwerpunkts aus der Fahrbahnebene heraus auf die

© Springer Fachmedien Wiesbaden GmbH, ein Teil von Springer Nature 2020
A. Singer, *Analyse des Einflusses elektrisch unterstützter Lenksysteme auf das Fahrverhalten im On-Center Handling Bereich moderner Kraftfahrzeuge*, Wissenschaftliche Reihe Fahrzeugtechnik Universität Stuttgart, https://doi.org/10.1007/978-3-658-29605-6_2

tatsächliche Schwerpunkthöhe. Manche Modelle nehmen die gesamte Fahrzeugmasse konzentriert im Gesamtschwerpunkt an [16], andere unterteilen die Gesamtmasse in ungefederte und gefederte Massen [1, 19, 21]. Vielen Modellen gemein ist die Modellierung des Wankfreiheitsgrads als invertiertes Pendel, mit Wanksteifigkeit, -dämpfung und -trägheit. Das Pendel wird über die im Gesamt- bzw. Aufbauschwerpunkt angreifende Querbeschleunigung ausgelenkt. Durch die Modellierung der Wankbewegung kann auch der Effekt des Rolllenkens oder Rollsteuerns abgebildet werden. Hierzu kann der Wankwinkel über einen konstanten Faktor an den Schräglaufwinkel gekoppelt werden [19].

Eine andere weit verbreitete Erweiterung ist die Einführung von dynamischem Reifenverhalten bzw. Achsverhalten [4, 45]. Hierbei wird der Aufbau der Seitenkraft dem realen Verhalten eines Reifens durch eine mathematische Funktion angenähert [41]. Des Weiteren kann der Aufbau der Reifenseitenkraft sowie der Einfluss der Elastokinematik der Achse zusammen mit einem einzigen Verzögerungsglied modelliert werden [18].

Im Gegensatz zu Einspurmodellen können Zweispurmodelle die Normalkraftverteilung der Räder einer Achse auflösen, Beispiele hierfür finden sich in [49] oder [15]. Des Weiteren wird häufig eine Aufteilung zwischen der gefederten und den ungefederten Massen vorgenommen, was zu den sogenannten 5-Massen-Modellen führt.

2.2   Lenkungsmodell - Literaturübersicht

Eine sehr einfache Darstellung eines Lenkungsmodells ist bereits im klassischen Einspurmodell gegeben. Hier wird die Lenkübersetzung als konstanter Faktor zwischen Lenkradwinkel und Radwinkel abgebildet.

Für das Lenkempfinden des On-Center Handling Bereichs sind Elastizitäten, Dämpfung und Reibung im Lenksystem von entscheidender Bedeutung [12]. Speziell bei kleinen Querbeschleunigungen ist das querdynamische Übertragungsverhalten von nichtlinearen Effekten dominiert [42]. Hierbei spielt speziell die Reibung eine große Rolle [13]. Daher wird im Folgenden spezielles Augenmerk auf Lenkungsmodelle gelegt, die Elastizitäten und vor allem Reibung abbilden.

Wohnhaas [51] beschreibt die detaillierte Modellierung von Reibung und Spiel für die Simulation von Zahnstangen- und Kugelumlauflenkungen. Wesentliche nichtlineare Komponenten sind die variable, vom Lenkwinkel abhängige, Steifigkeit und Übersetzung sowie Verzahnungsreibung. Die Reibung zwischen Gehäuse und Zahnstange wird als Coulombsche Reibung modelliert. Es werden Elastizitäten (Steifigkeit und Dämpfung) zwischen Lenkrad und Ritzel, Ritzel und Zahnstange sowie zwischen Zahnstange und Radersatzmasse modelliert.

Neureder [23] befasst sich mit der Schwingungsübertragung in hydraulisch unterstützten Zahnstangenlenkungen. Hierbei wird das charakteristische Schwingungsübertragungsverhalten der Lenkung mithilfe eines Komponentenprüfstands detailliert bis auf Komponentenebene untersucht. Die identifizierten Effekte werden auf Bauteilebene modelliert, validiert und zu einem Gesamtmodell zusammengefügt. Das Übertragungsverhalten der Lenksäule wird mittels einer Feder-Dämpfer-Kennlinie mit weicherem Mittenbereich modelliert. Es wird anschließend ein Minimalmodell der Lenkung vorgestellt, in dem die Beiträge der einzelnen Komponenten zum charakteristischen Gesamtwiderstand der Lenkung mit einem Feder-Reib-Element mit degressiver Federkennlinie zusammengefasst werden. Der Grund hierfür ist, dass die Reibung nicht wie klassische Coulombsche Reibung wirkt, indem die Zahnstange durch Anregung unterhalb der Haftkraft nicht ausgelenkt werden kann, sondern dass die Zahnstange bereits durch kleinste Kraftschwankungen ausgelenkt wird.

Ueda et al. [48] verwenden ein 26 DOF Fahrzeugmodell in Kombination mit einem 4 DOF Lenkungsmodell, in dem fünf unterschiedliche Reibstellen modelliert sind. Die Validierung erfolgt über den Abgleich von Simulation und Messung anhand von acht Kennwerten aus Hysteresediagrammen. Für die Parameter Reibung und Steifigkeit des Drehstabs wird eine Sensitivitätsanalyse durchgeführt.

Data et al. [7] zeigen eine Vorgehensweise zur Parametrierung eines 2 DOF Lenkungsmodells mittels Messungen sowohl für hydraulische als auch für elektrische Hilfskraftunterstützung auf. Es werden Gesamtfahrzeugmessungen auf einem Prüfstand durchgeführt und Lenkradwinkel und -moment sowie Radwinkel und -moment beim Durchlenken mit und ohne Hilfskraftunterstützung erfasst. Bei der Modellierung wird besonderes Augenmerk auf die Reibung, die Drehstabsteifigkeit und die Unterstützungskraftcharakteristik gelegt. Die Reibung wird in trockene d.h. klassische Coulombsche Reibung, viskose Reibung und lastabhängige Reibung unterteilt. Wegen der numerischen Probleme mit der Unstetigkeit der Signum-Funktion wird das Reibungsmodell nach Dahl [6] verwendet.

Barthenheier [3] führt Untersuchungen mittels einer Probantenstudie hinsichtlich des geschlechtsspezifischen und altersspezifischen subjektiven Lenkungsempfindens mit Normalfahrern durch. Hierfür wird ein Lenkmomentenmodell vorgestellt, das Reibung, Dämpfung, das Rückstellmoment der Achse mithilfe eines Einspurmodells und implizit die Hilfskraftunterstützung darstellt. Die Coulombsche Reibung wird mittels des Tangens hyperbolicus in eine stetige Funktion mit endlicher Steigung bei Geschwindigkeitsumkehr überführt.

Pfeffer [37] stellt ein komplexes (5 Freiheitsgrade) und ein vereinfachtes (2 Freiheitsgrade) Modell einer hydraulischen Lenkung vor. Für die korrekte Wiedergabe des Lenkradmoments ist die Modellierung der Reibung und der Dämpfung entscheidend. Für die Abbildung der gemessenen Reibung werden neue Reibungsmodelle vorgestellt. Das bei geringen Auslenkungen anfänglich federhafte Verhalten der Reibung wird durch ein exponentielles Feder-Reib-Element modelliert. Die Steifigkeiten werden für das vereinfachte Modell in einem linearen Feder-Dämpfer-Element zusammengefasst und die hydraulische Unterstützungskraft wird über eine Kennlinie abgebildet. Das Lenkungsmodell wird mit einem erweiterten Einspurmodell zu einem Gesamtfahrzeugmodell zusammengeführt.

Zschocke [52] identifiziert Parametersätze eines Gesamtfahrzeugmodells, zusammengesetzt aus einem Lenkungsmodell und einem erweiterten Einspurmodell für vier Fahrzeuge aus unterschiedlichen Fahrzeugklassen mit hydraulischer Hilfskraftunterstützung. Das resultierende Lenkradmoment dieser vier Parametersätze, ergänzt um abgeleitete Derivate mit Veränderungen ausgewählter Parameter, wird in einem Prototypenträger mittels eines Drehmomentstellers für Probandenversuche zur subjektiven Beurteilung eingebracht. Das verwendete Lenkungsmodell ist zweiteilig, aufgeteilt in die Bereiche vom Lenkrad zum Torsionsstab und vom Torsionsstab zum Rad. Zwischen den beiden Bereichen wird auch die Kardanik berücksichtigt. In den Subsystemen wird die Reibung als Parallelschaltung von exponentiellen Dämpfer- und Federelementen modelliert. Für die Parameteridentifikation werden Lenkradmoment- und -winkeldaten verwendet, die während des

Lenkens von Anschlag zu Anschlag auf einem Gesamtfahrzeugprüfstand erfasst werden.

2.3 Objektive Kennwerte zur Beschreibung des Lenkverhaltens im On-Center Bereich

Norman [33] leitet Kennwerte aus Hysteresekurven ab, die sich durch das paarweise Auftragen der Größen Lenkradmoment, Lenkradwinkel und Querbeschleunigung ergeben. Das gewählte Manöver entspricht einem Weave Test mit 0,2 g maximaler Querbeschleunigung und einer Frequenz von 0,2 Hz bei einer Fahrgeschwindigkeit von 100 km/h. Es werden Messungen mit Fahrzeugen verschiedener Hersteller durchgeführt.

Farrer [9] führt für die Objektivierung der On-Center Handling Qualität drei verschiedene Testmanöver durch und korreliert die Kennwerte mit subjektiven Eindrücken. Der Weave Test stellt sich hierbei als das geeignetste Manöver heraus. Er definiert neben den Kennwerten aus [33] auch die „yaw rate response" als Steigung der Hysteresekurve im Diagramm Gierrate über Lenkradwinkel.

Sato et al. [43] verwenden Kennwerte abgeleitet von einem Weave Manöver mit einer Frequenz von 1/6 Hz. Es werden vier Fahrzeuge untersucht und durch einen Vergleich mit einem Bewertungsbogen bezüglich des subjektiven Empfindens Ziel-Bereiche für diese Kennwerte definiert.

Dettki [8] unterscheidet zwischen Kennwerten die das Lenkgefühl und das Fahrzeugverhalten beschreiben. Die Kennwerte, die das Lenkgefühl betreffen, werden aus dem Fahrmanöver Weave Test ermittelt. Die Korrelation zu subjektivem Verhalten wird durch Fahrsimulator- und Straßenmessungen vorgenommen. Es werden die Kennwerte Lenksteifigkeit, Lenkreibung, Rücklaufwilligkeit, Eckigkeit, Gierverstärkung und Phasenverzug angegeben und mit entsprechender Bewertung versehen.

Harrer [10] analysiert 25 Fahrzeuge aus fünf Fahrzeugsegmenten hinsichtlich des Zusammenhangs zwischen subjektivem Lenkgefühl und objektiven Parametern. Es werden normierte Zielbereiche für diese Parameter angegeben, die zum Teil abhängig vom Fahrzeugsegment sind. Hierbei werden die Lenkradmomentgradienten und Fahrzeugreaktionsgradienten als die relevantesten Kennwerte zur objektiven Beschreibung des On-Center Lenkgefühls identifiziert.

Schimmel [44] stellt zur Objektivierung der Fahrdynamikbeurteilung u.a. ein Empfindungsmodell vor, das auf Messdaten, erfasst mittels konventioneller Sensorik, angewendet wird. Hierdurch ergeben sich QES (quasi empfundene Signale). Aus dem Weave Test werden die Kennwerte Lenkungssteifigkeit, Gierverstärkung, Giersteifigkeit, Maximum der Gierrate, Giergeschwindigkeitstotband und Lenkungsempfindlichkeit abgeleitet.

3 Fahrzeugverhalten

Zur Untersuchung des On-Center Handling Bereichs wird ein Versuchsfahrzeug der unteren Mittelklasse mit elektrischer Hilfskraftunterstützung verwendet. Die elektrische Hilfskraft wird über ein Schneckengetriebe und ein zweites Ritzel auf die Zahnstange aufgebracht. Dieser Aufbau wird in der Literatur auch als „dual pinion"-Anordnung bezeichnet [36].

3.1 Fahrzeugmessungen

Das Versuchsfahrzeug wird mit Messtechnik ausgestattet, um die Fahrzeugreaktionen auf die Lenkwinkeleingaben zu erfassen. Neben den in [54] genannten Messgrößen, werden zusätzliche Messgrößen erfasst, um die Möglichkeiten in Bezug auf die Untersuchung des Lenksystems zu erweitern. Tabelle 3.1 zeigt die verwendete Messtechnik.

Für die Erfassung des Zahnstangenwegs wird ein Linearpotentiometer verwendet. Der Vorteil im Vergleich zu einem Seilzugpotentiometer liegt in der Vermeidung einer zusätzlichen Kraft auf die Zahnstange und der Möglichkeit, auch höhere Frequenzen erfassen zu können. Linearpotentiometer erfordern jedoch die exakte Ausrichtung ihrer Lage in Bezug auf das zu messende bewegte Bauteil, um Querkräfte, Klemmen oder Beschädigung zu vermeiden. Das Potentiometer wird am Lenkgetriebe über eine prototypische Halterung angebracht, die die Einstellbarkeit der Lage des Potentiometers zu dessen Ausrichtung zulässt (siehe Abbildung 3.1).

© Springer Fachmedien Wiesbaden GmbH, ein Teil von Springer Nature 2020
A. Singer, *Analyse des Einflusses elektrisch unterstützter Lenksysteme auf das Fahrverhalten im On-Center Handling Bereich moderner Kraftfahrzeuge*,
Wissenschaftliche Reihe Fahrzeugtechnik Universität Stuttgart,
https://doi.org/10.1007/978-3-658-29605-6_3

Tabelle 3.1:   Messtechnik der Fahrzeugmessungen

Messgröße	Messaufnehmer / Sensor
Lenkradwinkel	Messlenkrad
Querbeschleunigung (Aufbau)	Strap-Down-Plattform
Giergeschwindigkeit (Aufbau)	Strap-Down-Plattform
Schwimmwinkel	optischer Geschwindigkeitssensor
Längsgeschwindigkeit	optischer Geschwindigkeitssensor
Quergeschwindigkeit	optischer Geschwindigkeitssensor
Rollwinkel	Strap-Down-Plattform
Lenkradmoment	Messlenkrad
Lage der Karosserie zur Fahrbahn	Laserabstandssensoren
Zahnstangenweg	Linearpotentiometer
Spurstangenkraft	DMS-Applikation (Vollbrücke) auf den Spurstangen

Der Abgriff auf der Zahnstange wird ebenfalls über eine eigens angefertigte Halterung realisiert. Dieser ist über eine Klemmung am zahnstangenseitigen Spurstangengelenk realisiert. Hierdurch kann der ursprünglich vorhandene Faltenbalg nicht länger verwendet werden. Da die Funktionsweise und Abdichtung der Lenkung im Fahrbetrieb jedoch nicht eingeschränkt werden darf, wird dieser durch zwei andere Faltenbalge ersetzt, wodurch die Abdichtung zwischen Klemmkörper und Lenkgetriebe bzw. Klemmkörper und Spurstange realisiert wird. Die Freigängigkeit der Spurstange ist hierbei in

allen Fahrzuständen, d.h. Kombinationen aus Federweg und Lenkbewegungen, gewährleistet.

Abbildung 3.1: Zahnstangenparallele Anbringung des Linearpotentiometers
am Lenkgetriebe im Versuchsfahrzeug

Zur synchronen Erfassung der Sensorsignale kommt ein Datenerfasssystem
zum Einsatz, das anstelle der Rückbank im Versuchsfahrzeug angebracht ist.
Durch den Ausbau der Rücksitzbank kann die gesamte Messtechnik nahezu
gewichtsneutral im Fahrzeug untergebracht werden.

Die Fahrzeugmessungen wurden zunächst in Anlehnung an [54] durchgeführt. Die gewählten Lenkradwinkelamplituden entsprechen einer statio-
nären Querbeschleunigung von 0,5 m/s², 1 m/s² und 2 m/s². Die Frequenz der
Lenkwinkeleingabe wird beginnend bei > 0 Hz bis ca. 5 Hz gesteigert
(Sinus-Sweep oder Gleitsinus). Die Messungen werden als Open-Loop-Ma-
növer gefahren und der Lenkwinkel wird von Hand gestellt. Die gewählten
Fahrgeschwindigkeiten der Messungen betragen 100 km/h, 130 km/h und
160 km/h. Um eine möglichst konstante Messgeschwindigkeit zu erzielen,
wird der Tempomat des Fahrzeugs verwendet. Die Randbedingungen hohe
Geschwindigkeit und geringe Querbeschleunigung charakterisieren Fahrten
im On-Center Bereich. Die nachfolgende Abbildung 3.2 zeigt beispielhaft
einen Ausschnitt aus dem Zeitsignal eines Gleitsinus-Manövers.

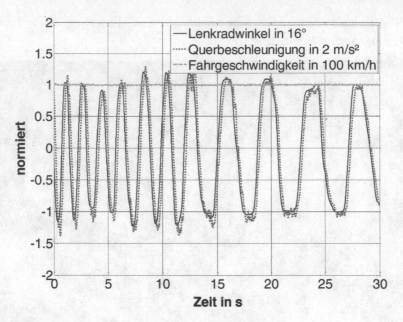

Abbildung 3.2: Lenkradwinkel, Querbeschleunigung und Fahrgeschwindigkeit als Zeitsignal der Gleitsinusmessung

Auftretende Neigung der Fahrbahn wird über die horizontale Lage der Karosserie, gemessen über das Inertialmesssystem, und die Lage des Aufbaus gegenüber der Fahrbahn, gemessen durch die Laserabstandssensoren, bestimmt und deren Einfluss auf die Querbeschleunigung kompensiert.

Für die Synchronität der Sensorsignale ist es unabdingbar, nicht nur ein Datenerfasssystem einzusetzen, das die synchrone Erfassung aller Kanäle gewährleistet, sondern auch die sensorinternen Verzögerungen zu berücksichtigen [16]. Diese werden für jeden Sensor einzeln ermittelt und in der Auswertung berücksichtigt. Da Sensoren oftmals nicht an dem interessierenden Ort, wie z. B. dem Schwerpunkt, angebracht werden können, müssen gemessene Größen entsprechend transformiert werden [16].

In Anlehnung an [54] werden die Messergebnisse im Frequenzbereich dargestellt. Die gemessenen Zeitsignale werden mittels FFT in den Frequenzbereich überführt. Für die Transformation werden nur solche Messungen ausgewählt, deren Messdauer länger als 30 Sekunden ist. Hierdurch wird die Sprung-Anregung, die durch die Aneinanderreihung der einzelnen Zeitbe-

reichsmessungen entsteht, verringert. Zur weiteren Reduzierung von Kanten-
fehlern werden Fenster verwendet.

Zur Analyse der Messungen wird der Frequenzgang herangezogen. Der Frequenzgang ist eine vollständige Beschreibung linearer Systeme [20]. Dies
bietet Vorteile bei der Modellparametrierung (siehe Abschnitt 3.2).

In den Frequenzgängen werden Frequenzen unterhalb von 0,1 Hz nicht
berücksichtigt, da in diesem Bereich niederfrequente Störinformationen, wie
z. B. eine durch die veränderliche Fahrbahnquerneigung hervorgerufene
Fahrzeugbewegung, den Nutzsignalen überlagert sein können. Die
Abbildung 3.3 zeigt die Amplitude und Phase des Frequenzgangs von Lenkradwinkel auf Gierrate bei der Messgeschwindigkeit 100 km/h für die drei
Querbeschleunigungsmaximalwerte 0,5 m/s², 1 m/s² und 2 m/s². Es ist eine
Abhängigkeit der Amplitude des Frequenzgangs von der Querbeschleunigung und somit der Lenkradwinkelamplitude zu erkennen. Dies entspricht
nicht dem Verhalten eines linearen Systems, sondern lässt auf das Vor-
handensein von Nichtlinearitäten schließen. Das Auftreten von Nichtlinearitäten bei niedrigen Querbeschleunigungen wird auch in der Literatur
beschrieben [42]. Basierend auf diesen Literaturangaben wird vermutet, dass
ein wesentlicher Teil der gefundenen Nichtlinearitäten im Lenksystem zu
finden ist. Daher wird anstelle des Lenkradwinkels als Systemeingang mit
dem Zahnstangenweg eine Größe definiert, die im Kraftfluss nach dem
Lenksystem angesiedelt ist. Abbildung 3.4 zeigt die Amplitude und Phase
des Frequenzgangs von Zahnstangenweg auf Gierrate bei der Messgeschwindigkeit 100 km/h, wiederum für die drei Querbeschleunigungsniveaus.

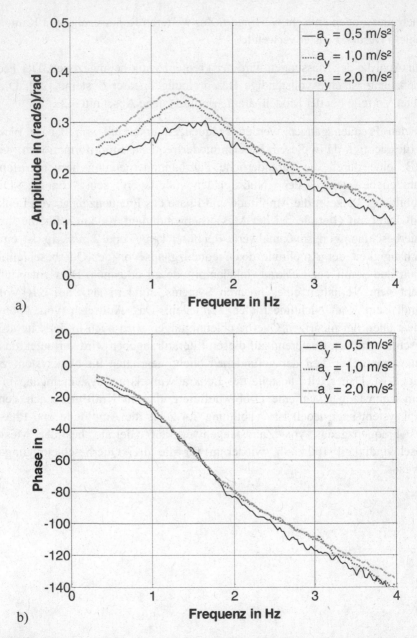

a)

b)

Abbildung 3.3: Amplitude (a) und Phasenwinkel (b) des Frequenzgangs des Lenkradwinkels auf Gierrate bei Messgeschwindigkeit 100 km/h

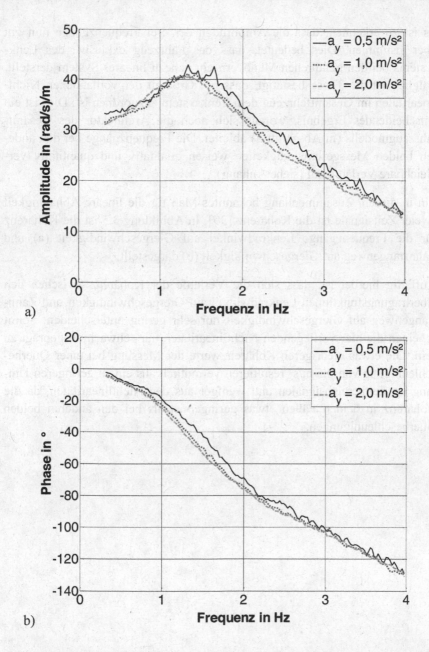

a)

b)

Abbildung 3.4: Amplitude (a) und Phasenwinkel (b) des Frequenzgangs des Zahnstangenwegs auf Gierrate bei Messgeschwindigkeit 100 km/h

Es ist zu erkennen, dass die Amplituden der drei Frequenzgänge nun gut übereinstimmen. Dies bedeutet, dass das Fahrzeug exklusive des Lenksystems bei den gefahrenen Manövern ein nahezu lineares System darstellt. Folglich ist die These bestätigt, dass ein Großteil der vorhandenen Nichtlinearitäten im Gesamtfahrzeug dem Lenksystem zuzuordnen ist. Dies ist ein entscheidendes Ergebnis, woraus sich auch die Architektur des Gesamtfahrzeugmodells (in Abschnitt 5) ableitet. Die Frequenzgänge bei den anderen beiden Messgeschwindigkeiten weisen qualitativ und quantitativ vergleichbare Verläufe auf (siehe Anhang).

Ein in diesem Zusammenhang bekanntes Maß für die lineare Abhängigkeit zweier Zeitsignale ist die Kohärenz [39]. In Abbildung 3.5 ist die Kohärenz für die Frequenzgänge Lenkradwinkel auf Giergeschwindigkeit (a) und Zahnstangenweg auf Giergeschwindigkeit (b) dargestellt.

Auffällig hierbei ist, dass sich die Verläufe der Kohärenz zwischen den Übertragungsfunktionen Lenkradwinkel auf Giergeschwindigkeit und Zahnstangenweg auf Giergeschwindigkeit nur sehr gering unterscheiden. Somit scheinen die hier vorliegenden Nichtlinearitäten nur schwach ausgeprägt zu sein. Die etwas niedrigeren Kohärenzwerte der Messung bei einer Querbeschleunigung von 0,5 m/s² resultieren vermutlich aus einem geringeren Umfang an Zeitbereichsignalen und weniger aus den Nichtlinearitäten, da die Kohärenz in beiden Fällen etwas geringer ist als bei den anderen beiden Querbeschleunigungen.

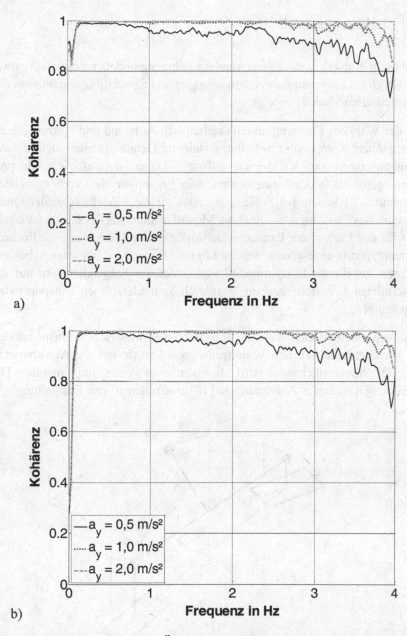

Abbildung 3.5: Kohärenz der Übertragungsfunktion des Lenkradwinkels (a) bzw. des Zahnstangenwegs (b) auf Giergeschwindigkeit bei Messgeschwindigkeit 100 km/h

3.2 Fahrzeugmodell

In diesem Kapitel wird das verwendete Fahrzeugmodell beschrieben sowie der Vergleich zwischen Fahrzeugmessungen und Simulationsergebnissen des parametrierten Modells gezeigt.

Bei der Wahl des Fahrzeugmodells stehen sich Aufwand und Nutzen gegenüber. Höhere Komplexität bedeutet gesteigerte Detailtiefe aber auch höherer Parametrierungs- und Validierungsaufwand. Daher ist es effizient, ein problemangepasstes Modell einzusetzen. Die Ergebnisse des vorhergehenden Abschnitts 3.1 lassen den Schluss zu, dass für die Modellierung der Querdynamik des Fahrzeugs, ein lineares Modell ausreicht. Dies hat den Vorteil, dass für den Prozess der Parameteridentifikation die Werkzeuge der linearen Systemdynamik angewendet werden können. Daher wird in dieser Arbeit ein lineares, erweitertes Einspurmodell verwendet. Im Folgenden wird auf die verwendeten Erweiterungen im Vergleich zum klassischen Einspurmodell eingegangen.

Das verwendete Modell weist im Vergleich zum klassischen Einspurmodell die Erweiterungen um den Wankfreiheitsgrad sowie um die Achsdynamik auf. Der Wankfreiheitsgrad wird als invertiertes Pendel implementiert [1]. Abbildung 3.6 zeigt in Anlehnung an [18] eine schematische Darstellung.

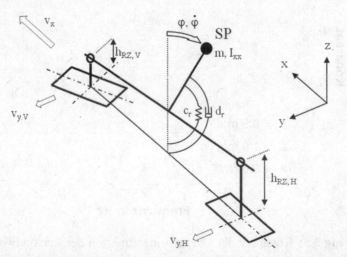

Abbildung 3.6: Schematische Darstellung des invertierten Pendels zur Modellierung des Wankfreiheitsgrads

Es werden die Rollträgkeit I_{xx}, -steifigkeit c_r und -dämpfung d_r modelliert. Auftretende Reibung, z. B. in den Lagerungen des Stabilisators, wird vernachlässigt. Ausgelenkt wird das Pendel durch die im Schwerpunkt angreifende Querbeschleunigung. Die Gewichtsrückstellung wird der Wanksteifigkeit zugeschlagen. Somit lautet die Differenzialgleichung der Rollbewegung:

$$\ddot{\varphi} = \frac{1}{I_{XX}} \left(-d_r \cdot \dot{\varphi} - c_r \cdot \varphi + \left(h - h_{RZ,V}\right) \cdot F_{Y,V} + \left(h - h_{RZ,H}\right) \cdot F_{Y,H} \right) \qquad \text{Gl. 3.1}$$

Die Rollbewegung ihrerseits wirkt auf die Kontaktkinematik zwischen Reifen und Fahrbahn. Daher werden die Differenzialgleichungen für die Wank- und Gierbewegung über induzierte Schräglaufwinkel gekoppelt (siehe Gl. 3.2 und Gl. 3.3) [1]. Des Weiteren wird ein Koeffizient k_{RS} eingeführt, der das Rollsteuern, d.h. die kinematische Änderung der Vorspur durch die Raderhebung beim Wanken, abbildet [19]. Neben der kinematischen Änderung wird mit diesem Koeffizienten auch teilweise die elastokinematische Änderung der Vorspur abgebildet. Ursache hierfür sind Vertikalkräfte, z. B. die Federkraft, die durch ein Übersprechen zu einer Vorspuränderung führen.

Ähnlich wie der Effekt des Rolllenkens, kann auch eine Rollgeschwindigkeitsabhängigkeit des Vorspurwinkels, hervorgerufen durch die elastokinematische Änderung der Vorspur durch Dämpferkräfte, über einen Koeffizienten k_{RGS} implementiert werden. Somit ergeben sich die Schräglaufwinkel wie folgt:

$$\alpha_v = -\beta + s_{ZS} \cdot i_{Lenk,kin} - l_v \cdot \frac{\dot{\psi}}{v} - \left(h - h_{RZ,v}\right) \cdot \frac{\dot{\varphi}}{v} + k_{RS,v} \cdot \dot{\varphi} + k_{RGS,v} \cdot \ddot{\varphi} \qquad \text{Gl. 3.2}$$

$$\alpha_h = -\beta + l_h \cdot \frac{\dot{\psi}}{v} - \left(h - h_{RZ,h}\right) \cdot \frac{\dot{\varphi}}{v} + k_{RS,h} \cdot \dot{\varphi} + k_{RGS,h} \cdot \ddot{\varphi} \qquad \text{Gl. 3.3}$$

Es gilt zu beachten, dass die Eingangsgröße in das erweiterte Einspurmodell nun nicht mehr der Lenkradwinkel wie beim klassischen Einspurmodell ist, sondern der Zahnstangenweg. Dieser bildet die Schnittstelle zwischen den Teilmodellen Lenkung und Fahrzeug. Dementsprechend ist auch die Lenkübersetzung $i_{Lenk,kin}$ in Gl. (3.2) nicht die Gesamtlenkübersetzung sondern die Übersetzung zwischen dem Weg der Zahnstange und dem gemittelten Radwinkel der Vorderräder.

Neben dem Wankfreiheitsgrad wird das Einspurmodell mit einer Achsdynamik erweitert. Hierbei wird das Prinzip der Einlauflänge, von [4] als PT1-Verhalten für Reifenseitenkräfte vorgestellt, auf den Seitenkraftaufbau der gesamten Achse angewendet [34]. [18] zeigt, dass die Achsdynamik bis zu einer Frequenz von ca. 3 Hz mit der Reifendynamik kombiniert modelliert werden kann.

Die Gleichung für die achsweisen Seitenkräfte lautet wie folgt (Gl. 3.4):

$$\dot{F}_Y = -\frac{v}{\sigma_\alpha}(F_Y + c_\alpha \cdot \alpha) \qquad \text{Gl. 3.4}$$

Die Differenzialgleichungen zur Beschreibung der Gierbewegung (Gl. 3.5) sowie des Schwimmwinkels (Gl. 3.6) sind nachfolgend aufgelistet und entsprechen denen des klassischen Einspurmodells:

$$\ddot{\psi} = \frac{l_V \cdot F_{Y,V} - l_H \cdot F_{Y,H}}{I_{ZZ}} \qquad \text{Gl. 3.5}$$

$$\dot{\beta} = \frac{F_{Y,V} + F_{Y,H}}{m \cdot v} - \dot{\psi} \qquad \text{Gl. 3.6}$$

Die Ausgangsgrößen des klassischen Einspurmodells werden um die Kraft auf die Zahnstange erweitert, die als Schnittstelle zwischen Fahrzeug- und Lenkungsmodell gewählt wird. Für die Bestimmung dieser Kraft, wird die Annahme kleiner Lenkwinkel zugrunde gelegt. Da in dieser Arbeit nur der On-Center Bereich betrachtet wird, ist diese Vereinfachung zulässig. Die Kraft auf die Zahnstange wird daher aus der Vorderachsseitenkraft und einem konstanten Faktor bestimmt, der sich aus dem Verhältnis der Hebelarme zwischen Radmitte und Spurstange sowie Radmitte und Reifennachlauf ergibt. Nachfolgende Abbildung 3.7 zeigt die schematische Darstellung der Kräfte und Hebelarme am Rad.

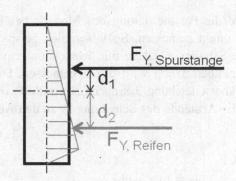

Abbildung 3.7: Schematische Darstellung der Kräfte und Hebelarme am Rad

Die Kraft in der Spurstange $F_{Y, Spurstange}$ lässt sich in Abhängigkeit von der Reifenseitenkraft mithilfe der Hebelarme d_1 und d_2 ausdrücken. Das Verhältnis der Hebelarme lässt sich zu einem Parameter, dem Seitenkraftkoeffizienten $k_{F,Y}$, zusammenfassen:

$$F_{Y,Spurstange} = \frac{d_2}{d_1} \cdot F_{Y,Reifen} = k_{F,Y} \cdot F_{Y,Reifen} \qquad \text{Gl. 3.7}$$

Werden die Kräfte beider Vorderräder zusammengefasst, lässt sich mithilfe des gleichen Ansatzes die summarische Kraft auf die Zahnstange in Abhängigkeit der Achsseitenkraft ausdrücken. Auch hierbei wird davon ausgegangen, dass die Winkel zwischen Spurstange und Zahnstange für die betrachteten Fahrmanöver klein sind, so dass die daraus resultierenden Fehler vernachlässigt werden können. Der konstante Faktor kann entweder näherungsweise anhand der Geometrie gemessen werden oder mithilfe der Messwerte von Fahrzeugquerbeschleunigung und der Spurstangenkräfte bestimmt werden. Das Fahrzeugmodell in Zustandsraumdarstellung und die Parameter des Modells sind im Anhang notiert. Es gilt jedoch zu beachten, dass der Parameter $C_{\alpha V}$ nicht dem des klassischen Einspurmodells entspricht, da hier die Lenkelastizität explizit nicht beinhaltet ist. Aufgrund der Aufteilung in Achssteifigkeit und Lenkungssteifigkeit, die im Gesamtfahrzeugmodell in Reihe geschaltet sind, nimmt die Vorderachssteifigkeit hier höhere Werte als im klassischen Einspurmodell an.

Im Folgenden wird die Parametrierung des Modells beschrieben. Manche Parameter werden direkt gemessen. So lassen sich beispielsweise die Gesamtmasse und die Schwerpunktslage mit überschaubarem Aufwand ermitteln. Auch die Lenkübersetzung wird direkt gemessen. Das Gierträgheitsmoment I_{ZZ} kann über Gleichung 3.8 nach [22] mithilfe der Größen Fahrzeugmasse sowie der Abstände des Schwerpunks zu den Achsen angenähert werden:

$$I_{ZZ} = m \cdot l_V \cdot l_H \hspace{4cm} \text{Gl. 3.8}$$

Für die Rollzentrumshöhen der Achsen und den Seitenkraftkoeffizienten werden plausible Annahmen getroffen. Aus quasistationären Messungen im relevanten Querbeschleunigungsbereich kann die Rollsteifigkeit identifiziert werden. Die weitere Parametrierung erfolgt mithilfe eines zweistufigen Fitting-Prozesses im Frequenzbereich (siehe auch [14]). Da das gewählte Modell ein lineares System darstellt, ist diese Art der Parameteridentifikation möglich. Der Vorteil im Vergleich zu Zeitbereichsvergleichen ist die höhere Genauigkeit. Es werden die Messungen der verschiedenen Querbeschleunigungsniveaus für jeweils eine Messgeschwindigkeit verwendet. Hierdurch wird die Anzahl der Messungen erhöht. Im ersten Schritt wird die Amplitude und Phase der Frequenzgänge Zahnstangenweg auf Gierrate und Zahnstangenweg auf Schwimmwinkel im Bereich geringer Frequenzen (0,2 bzw. 0,3 Hz bis 1 Hz) gefittet. Hierdurch werden die Achssteifigkeiten an der Vorder- und Hinterachse des Modells identifiziert. Es wird ein Optimierungsalgorithmus verwendet, der die Abweichung zwischen Simulation und Messung durch gezielte Variation der Modellparameter minimiert. Im zweiten Schritt werden die anderen Parameter des Modells ermittelt. Hierbei werden alle Frequenzgänge bis zu einer Frequenz von 2,5 Hz herangezogen. Höhere Frequenzen sind für den in dieser Arbeit betrachteten On-Center Bereich nicht relevant. Es wird der gleiche Optimierungsalgorithmus verwendet.

Nachfolgende Diagramme zeigen den Vergleich zwischen der Fahrzeugmessung und dem Simulationsergebnis des parametrierten Fahrzeugmodells. In Abbildung 3.8 sind die Amplitude und der Phasenwinkel des Frequenzgangs von Zahnstangenweg auf Gierbewegung des Fahrzeugs bei der Messgeschwindigkeit 100 km/h dargestellt.

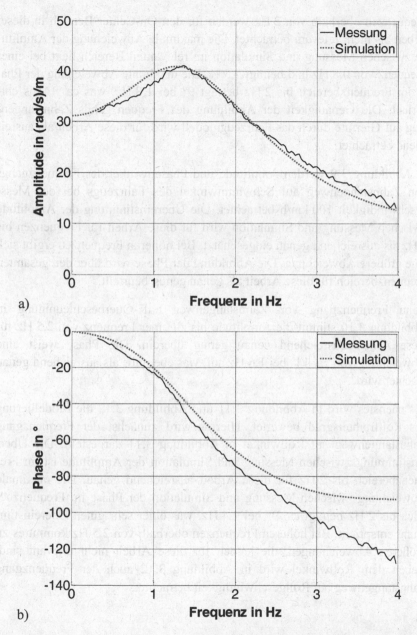

Abbildung 3.8: Amplitude (a) und Phase (b) des Frequenzgangs Zahnstangenweg auf Gierrate bei Messgeschwindigkeit 100 km/h

Frequenzen oberhalb von 2 Hz werden für den On-Center Bereich in dieser Arbeit als nicht relevant betrachtet. Die maximale Abweichung der Amplitude zwischen Messung und Simulation im relevanten Bereich liegt bei einer Frequenz von 0,8 Hz und beträgt 7,5 %. Die maximale Abweichung der Phase im Frequenzbereich bis 2 Hz beträgt 9° bei 1,8 Hz, was ca. 14 ms entspricht. Die Genauigkeit der Abbildung des Frequenzgangs Zahnstangenweg auf Gierrate durch das Fahrzeugmodell wird für diese Arbeit als ausreichend betrachtet.

In Abbildung 3.9 werden Amplitude und Phasenwinkel des Frequenzgangs von Zahnstangenweg auf Schwimmwinkel des Fahrzeugs bei der Messgeschwindigkeit 100 km/h betrachtet. Die Übereinstimmung der Amplitude zwischen Messung und Simulation wird für diese Arbeit für Frequenzen bis 3 Hz als ausreichend genau eingeschätzt. Bei höheren Frequenzen ergibt sich eine größere Abweichung. Die Abbildung der Phase wird über den gesamten Frequenzbereich für diese Arbeit als genau genug beurteilt.

Beim Frequenzgang von Zahnstangenweg auf Querbeschleunigung in Abbildung 3.10 stimmt die Amplitude bis zu einer Frequenz von 2,5 Hz für diese Arbeit ausreichend genau genug überein. Die Phase weist eine Abweichung von ca. 14° bei 1,6 Hz auf, was ebenfalls als ausreichend genau erachtet wird.

Als nächstes wird in Abbildung 3.11 und Abbildung 3.12 die Modellierung des Rollfreiheitsgrad bewertet. Hierfür wird zunächst der Frequenzgang Zahnstangenweg auf Rollwinkel in Abbildung 3.11 dargestellt. Die Übereinstimmung zwischen Messung und Simulation der Amplitude ist im Frequenzbereich bis 2 Hz für diese Arbeit ausreichend genau. Die maximale Abweichung zwischen Messung und Simulation der Phase im Frequenzbereich bis 2 Hz beträgt ca. 9° bei 1.4 Hz, was einer sehr guten Übereinstimmung entspricht. Bei höheren Frequenzen oberhalb von 2,5 Hz kommt es zu größeren Abweichungen, die jedoch für diese Arbeit nicht relevant sind. Neben dem Rollwinkel wird in Abbildung 3.12 auch der Frequenzgang Zahnstangenweg auf Rollgeschwindigkeit betrachtet.

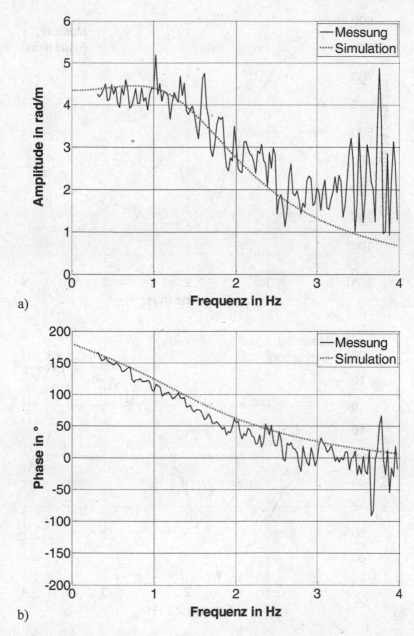

Abbildung 3.9: Amplitude (a) und Phase (b) des Frequenzgangs Zahnstangenweg auf Schwimmwinkel bei Messgeschwindigkeit 100 km/h

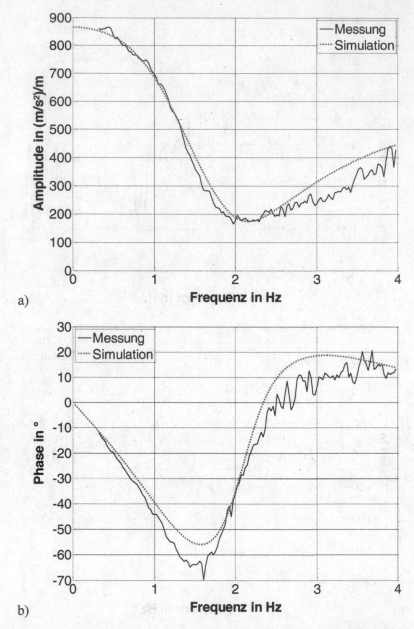

a)

b)

Abbildung 3.10: Amplitude (a) und Phase (b) des Frequenzgangs Zahnstangenweg auf Querbeschleunigung bei Messgeschwindigkeit
100 km/h

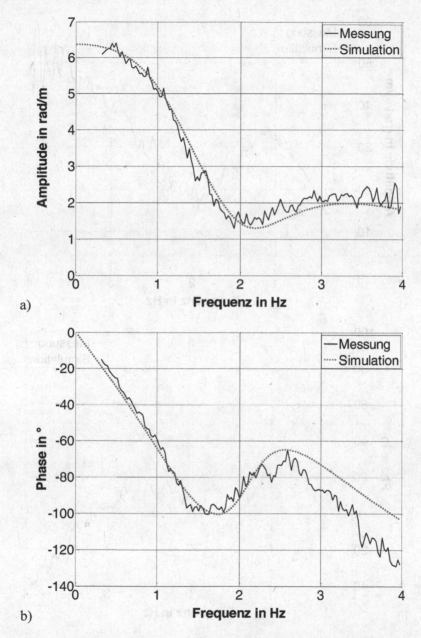

Abbildung 3.11: Amplitude (a) und Phase (b) des Frequenzgangs Zahnstangenweg auf Rollwinkel bei Messgeschwindigkeit
100 km/h

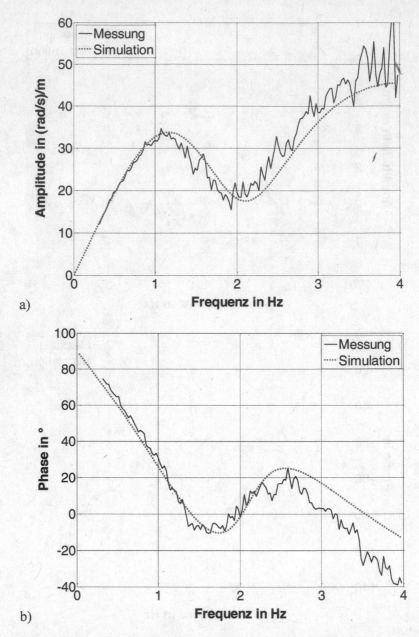

a)

b)

Abbildung 3.12: Amplitude (a) und Phase (b) des Frequenzgangs Zahnstangenweg auf Rollwinkelgeschwindigkeit bei Messgeschwindigkeit 100 km/h

Die Amplitude des Frequenzgangs Zahnstangenweg auf Rollwinkelge-schwindigkeit in Abbildung 3.12 zeigt zwischen Messung und Simulation bis zu einer Frequenz von 2 Hz eine für diese Arbeit ausreichend gute Über-einstimmung. Die Phase stimmt, wie auch die des Frequenzgangs Zahn-stangenweg auf Rollwinkel, bis zu einer Frequenz von 2 Hz ausreichend gut überein.

Abschließend wird der Frequenzgang Zahnstangenweg auf Vorderachs-seitenkraft in Abbildung 3.13 gezeigt. Dieser Größe kommt besondere Be-deutung zu, da dies die Schnittstelle zwischen Lenkung und Fahrzeug ist. Die Übereinstimmung zwischen Messung und Simulation der Amplitude des Frequenzgangs Zahnstangenweg auf Vorderachsseitenkraft wird für diese Arbeit bis zu Frequenzen von 3 Hz als ausreichend genau eingeschätzt. Bei höheren Frequenzen ergibt sich eine zunehmende Abweichung. Die Ab-bildung der Phase wird über den gesamten Frequenzbereich für diese Arbeit als genau genug beurteilt. Die maximale Abweichung zwischen Messung und Simulation beträgt ca. 5° bei einer Frequenz von 0,8 Hz.

Zusammenfassend lässt sich festhalten, dass die Genauigkeit der Abbildung der gezeigten Frequenzgänge durch das Fahrzeugmodell für diese Arbeit als ausreichend betrachtet wird. Somit liegt ein parametriertes Fahrzeugmodell vor, das bis zu Frequenzen von 2 Hz die Messungen des realen Fahrzeugs für diese Arbeit ausreichend gut wiedergibt.

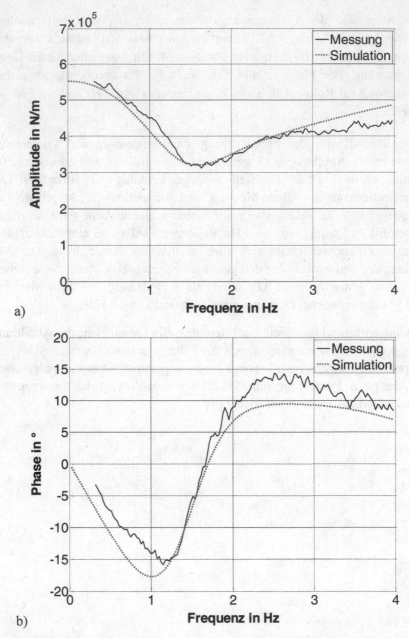

Abbildung 3.13: Amplitude (a) und Phase (b) des Frequenzgangs Zahnstangenweg auf Vorderachsseitenkraft bei Messgeschwindigkeit 100 km/h

4 Lenkungsverhalten

Für die genauere Untersuchung des Lenksystems wird ein eigener Komponentenprüfstand für das Lenksystem aufgebaut. Die Prüfstandsversuche haben das Ziel der Identifikation der relevanten Eigenschaften des Lenksystems.

4.1 Lenkungsprüfstand

Prüfstände weisen eine Vielzahl von Vorteilen auf. Hier ist vor allem die höhere Reproduzierbarkeit aufgrund der besseren Handhabbarkeit der Randbedingungen zu nennen. Im Folgenden werden der mechanische Aufbau des Prüfstands, die messtechnische Ausrüstung sowie die verwendeten Aktuatoren beschrieben.

Der mechanische Aufbau des Prüfstands orientiert sich an den Randbedingungen, unter denen das Lenksystem im Fahrzeug verbaut ist. So werden am Prüfstand dieselben Lagerstellen am Lenkgetriebe verwendet, um dieses zu befestigen. Abgegrenzt wird der Prüfstandsaufbau über geeignete Schnittstellen, die in den Fahrzeugmessungen bzw. der Fahrzeugmodellierung ermittelt wurden. Diese sind im Falle des Fahrers das Moment und der Winkel am Lenkrad bzw. am Lenkgetriebeeingang und als Abgrenzung zum Fahrzeug der Weg und die Kraft der Zahnstange.

Die bereits im Fahrzeug gemessen Größen werden ebenfalls am Prüfstand erfasst. Es wird auch auf ein Messlenkrad zur Bestimmung des Lenkradwinkels und Lenkradmoments zurückgegriffen. Die Summe der Spurstangenkräfte wird über eine Kraftmessdose, die an der Zahnstange angeflanscht ist, bestimmt. Der Zahnstangenweg wird, wie im Fahrzeug auch, über ein Linearpotentiometer erfasst. Die Datenerfassung erfolgt mithilfe einer 12 Bit A/D-Karte und einer CAN-Karte in einem Echtzeitrechner.

Um ein Manöver reproduzierbar durchfahren zu können, werden Aktuatoren für die Stellung von Winkeln und Momenten sowie Wegen und Kräften benötigt. Aufgrund der einfachen Handhabbarkeit, dem geringen Platzbedarf

© Springer Fachmedien Wiesbaden GmbH, ein Teil von Springer Nature 2020
A. Singer, *Analyse des Einflusses elektrisch unterstützter Lenksysteme auf das Fahrverhalten im On-Center Handling Bereich moderner Kraftfahrzeuge*, Wissenschaftliche Reihe Fahrzeugtechnik Universität Stuttgart, https://doi.org/10.1007/978-3-658-29605-6_4

sowie dem Entfall von Zusatzaggregaten werden hierfür jeweils ein rotatorischer und ein translatorischer elektrischer Aktuator gewählt. Die Ansteuerung der Aktuatoren erfolgt via CAN-Bus von dem gleichen Echtzeitrechner aus, mit dem auch die Messdatenerfassung erfolgt. Hierdurch ergibt sich auch die Möglichkeit, die Messwerte in eine Regelung einzubeziehen, was z. B. für die Umsetzung einer Kraftregelung erforderlich ist.

Um die im Lenkgetriebe vorherrschende Reibung auf Lastabhängigkeit untersuchen zu können, ist das Einstellen einer möglichst konstanten, externen Kraft auf die Zahnstange notwendig. Hierfür wird eine Kraftregelung vorgesehen. Um eine möglichst hohe Regelgüte zu erlangen, wird eine definierte Elastizität zwischen Aktuator und Kraftmessdose in das System eingebracht. Bei einer ideal starren Anbindung würde ein geringer Positionierungsfehler des Aktuators bereits zu einer großen Kraftabweichung führen. Durch das Einbringen der Elastizität wird eine technisch realisierbare Positionierungsgenauigkeit ermöglicht. Im Gegenzug wird jedoch ein größerer Verfahrweg des Aktuators sowie eine höhere Verfahrgeschwindigkeit bzw. -beschleunigung benötigt, um die erforderliche Dynamik abbilden zu können. Als definierte Elastizität werden zwei Druckfedern verwendet, die jeweils gegeneinander vorgespannt sind. Hierdurch werden beide Federn immer auf Druck belastet und somit im linearen Bereich ihrer Kennlinie betrieben. Abbildung 4.1 zeigt die gemessene Federkennlinie des Druckfederelements. Es ist ersichtlich, dass sich im gesamten Kraftbereich zwischen +/- 1 kN ein linearer Verlauf ergibt, und sich die Hysterese im Bereich von 20 N bewegt.

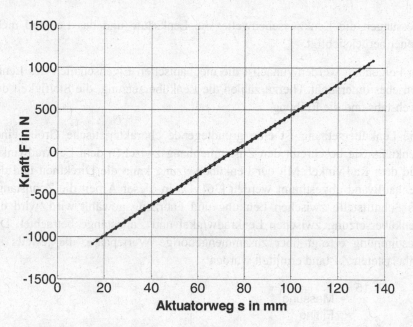

Abbildung 4.1: Kennlinie des Druckfederelements

Um die Funktionalität der elektrischen Hilfskraftunterstützung untersuchen zu können, muss diese zunächst am Prüfstand in Betrieb genommen werden. Hierzu ist neben der Stromversorgung auch die Kommunikation mit dem Fahrzeugbus herzustellen. Am Prüfstand werden der Lenkung die relevanten Größen in einer Art Restbussimulation zur Verfügung gestellt. So kann speziell auch die Geschwindigkeitsabhängigkeit der Funktionen der Hilfskraftunterstützung untersucht werden. Durch gezielten Fehlereintrag ist es auch möglich, Teilfunktionen der Hilfskraftunterstützung zu deaktivieren.

4.2 Durchführung der Messungen

In der Literatur wird die Lenksäule häufig zusammen mit dem Lenkrad und der Lenkzwischenwelle als eine Drehmasse abgebildet [7, 37]. In dieser Arbeit wird in der Modellbildung ebenfalls auf die Aufteilung in einen oberen und unteren Teil der Lenksäule, die durch ein Kardangelenk miteinander verbunden sind, verzichtet. Es werden daher für die nachfolgenden Prüfstandsmessungen die Lenkzwischenwelle, die Lenksäule und das Lenkrad nicht weiter berücksichtigt.

Im Folgenden werden zunächst die mechanischen Eigenschaften des Lenkgetriebes untersucht. Hierzu zählen die Lenkübersetzung, die Steifigkeit des Drehstabs und die Reibung.

Die Lenkübersetzung ist eine grundlegende charakteristische Größe einer Lenkung. Sie beschreibt den Zusammenhang zwischen dem Lenkradwinkel und dem Radwinkel. Mit der Lenkübersetzung kann die Direktheit und der Lenkaufwand abgestimmt werden [36]. Da in dieser Arbeit die Zahnstange als Schnittstelle zwischen Lenkung und Fahrzeug gewählt wird, wird die Lenkübersetzung zwischen Lenkradwinkel und Zahnstange betrachtet. Die Bestimmung erfolgt über zusammengehörige Wertepaare, die jeweils im unbelasteten Zustand ermittelt wurden.

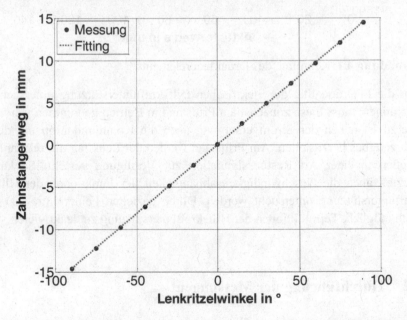

Abbildung 4.2: Zahnstangenweg über Lenkritzelwinkel für die Bestimmung der Lenkübersetzung

In Abbildung 4.2 ist zu erkennen, dass die Lenkübersetzung im On-Center Handling Bereich linear ist. Daher ergibt sich der Parameterwert der Lenkübersetzung $i_{\text{Lenk, kin}}$ als die Steigung der gefitteten Geraden zu 107,72 rad/m. Dies entspricht einem Wälzkreisradius des Ritzels r von 0,0093 m.

Ein wichtiges Maß für die Lenkungsrückmeldung an den Fahrer und die erforderliche Hilfskraftunterstützung ist die Steifigkeit des Drehstabs. Diese Steifigkeit wird im Mittenbereich definiert gering gewählt, wodurch der Drehstab das drehweichste Bauteil im Kraftfluss ist. Der Grund hierfür ist, dass sich über die Verdrehung das anliegende Drehmoment bestimmen lässt, das für die Funktionen der elektrischen Hilfskraftunterstützung benötigt wird. Ab einem gewissen Verdrehwinkel wird eine mechanische Mitnahme im Drehstab dargestellt, was zu einer Verhärtung führt [36]. Um die Steifigkeit des Drehstabs zu ermitteln, wird die Zahnstange gegen das Lenkgehäuse blockiert und es wird ein Moment auf den Drehstab aufgebracht. Untenstehende Abbildung 4.3 zeigt die Größen Drehstabmoment und Drehstabwinkel gegeneinander aufgetragen.

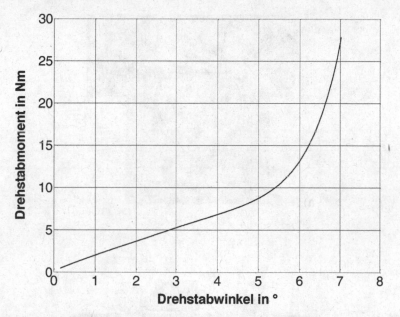

Abbildung 4.3: Drehstabmoment über Drehstabwinkel für die Bestimmung der Steifigkeit des Drehstabs

Die Messung zeigt eine Kombination aus Drehstab- und Getriebesteifigkeit. Es ist zu erkennen, dass der torsionsweiche Teil auf ca. 5,6° um die Mittellage begrenzt ist. Hin zu größeren Verdrehwinkeln nimmt die Steifigkeit stark zu. Aus dem Drehmoment und dem Verdrehwinkel wird die Steifigkeit des Drehstabs im Mittenbereich zu 102,7 Nm/rad ermittelt. Es wird auch die höhere Steifigkeit sowie der Verdrehwinkel, bei dem der Übergang in diese zweite Steifigkeit stattfindet, bestimmt. Der Übergangsbereich und die höhere Steifigkeit sind nur für Manöver ohne Hilfskraftunterstützung relevant.

Fast der gesamte Teil der in der Lenkung auftretenden Reibung stammt aus dem Lenkgetriebe. Im Lenkgetriebe selbst resultiert ein Großteil der auftretenden Reibung aus Dichtungen und den Druckstücken [23]. Druckstücke dienen der Führung der Zahnstange und nehmen die Radialkraft des Ritzels auf. Die untersuchte Lenkung weist bauartbedingt zwei Druckstücke auf, eins für das Ritzel der Lenksäule und eins für das Ritzel des Elektromotors, weshalb dies auch als "dual pinion"-Anordnung [36] bezeichnet wird. Abbildung 4.4 zeigt eine schematische Darstellung eines Druckstücks sowie der "dual pinion"-Anordnung.

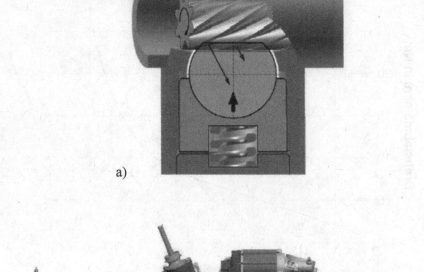

a)

b)

Abbildung 4.4: Schematische Darstellung eines Druckstücks (a) und schematische Darstellung der "dual pinion"-Anordnung (b) [36]

Nachfolgend wird die Vorgehensweise bei der Durchführung der Messungen zur Identifikation der Reibung wiedergegeben. Zunächst wird der Einfluss der Zahnstangengeschwindigkeit auf die Reibung des Lenkgetriebes untersucht. Hierfür wird ein Linearaktuator starr über eine Kraftmessdose an die Zahnstange gekoppelt. Das Lenkgetriebegehäuse wird fixiert. Abbildung 4.5 zeigt die Anordnung in der Seitenansicht.

Abbildung 4.5: Übersicht der Prüfstandsanordnung von Kraftmessdose an Linearaktuator

Durch die Verwendung der starren Anbindung ist eine exakte Ausrichtung des Aktuators bezüglich der Zahnstange unerlässlich, da Querkräfte und Momente zu einem Übersprechen der Kraftmessdose auf die eigentliche Belastungsrichtung führen.

Zur Ermittlung des Einflusses der Geschwindigkeit auf die Reibung im Lenkgetriebe wird die Zahnstange mithilfe des Linearaktuators mit jeweils konstanter Geschwindigkeit vom einen Endanschlag bis zum anderen Endanschlag durchgeschoben bzw. durchgezogen. Er ergibt sich ein Verfahrweg der Zahnstange von +/- 75 mm. Es werden Messungen bei Zahnstangengeschwindigkeiten zwischen 1 mm/s und 30 mm/s durchgeführt. Gemessen wird die für die konstante Geschwindigkeit erforderliche Kraft. Für die Auswertung werden nur die Bereiche herangezogen, bei denen die Zahnstange mit konstanter Geschwindigkeit bewegt wurde. Die Beschleunigungs- und Verzögerungsphasen werden nicht berücksichtigt, um Trägheitseffekte zu vermeiden. Um ausschließen zu können, dass trotz exakter Ausrichtung der Anordnung Querkräfte oder Biegemomente durch die starre Anbindung auf die Kraftmessdose wirken, wird die Zugkraftmessung mithilfe einer Drahtseilverbindung wiederholt. Bezüglich der gemessenen Reibkraft kann kein Einfluss der starren Anbindung festgestellt werden.

Abbildung 4.6 zeigt den Verlauf der gemessenen Kraft über dem Zahn-stangenweg, exemplarisch für die Zahnstangengeschwindigkeit 1 mm/s.

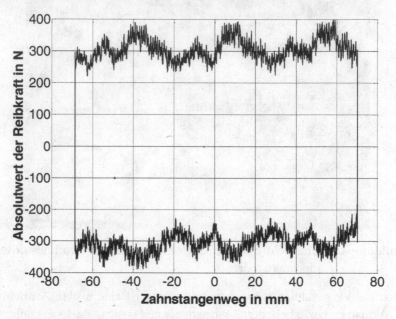

Abbildung 4.6: Reibkraft über Zahnstangenweg für die Zahnstangenge-schwindigkeit 1 mm/s

Es ist deutlich zu erkennen, dass der gemessenen Kraft Schwankungen unter-liegen. Diese sind positionsabhängig und rühren von den Zahneingriffen der beiden Ritzel in die Zahnstange her [36]. Der vergleichsweise hohe Abso-lutwert der Reibkraft rührt von der Anordnung des vorliegenden elektrisch unterstützen Lenksystems her. Die "dual pinion"-Anordnung weist bauartbe-dingt zwei Ritzel und somit auch zwei Druckstücke auf. Da die Druckstücke einen Großteil zur Gesamttreibung des Lenksystems beitragen, ergibt sich ein höherer Absolutwert der Reibkraft im Vergleich zu Lenksystemen mit nur einem Druckstück, wie z. B. hydraulisch unterstützte Lenksysteme.

Um eine quantitative Aussage über die Reibung bei den verschiedenen Geschwindigkeiten zu erhalten, wird die Kraft im Bereich um einen Zahnstangenweg von +/- 50mm um die Mittellage gemittelt. Somit reduziert sich der Verlauf auf einen mittleren Reibkraftwert, der nun über der Geschwindigkeit dargestellt werden kann. Abbildung 4.7 zeigt die gemittelten Absolutwerte der Reibkraft sowie die Standardabweichung der Messungen über der Geschwindigkeit für beide Bewegungsrichtungen sowie den Mittelwert beider Bewegungsrichtungen.

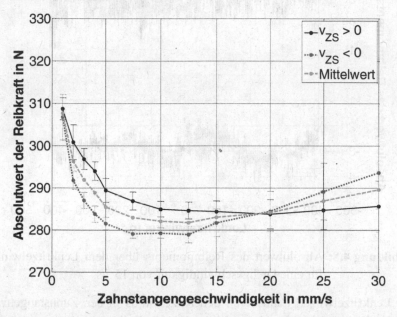

Abbildung 4.7: Abhängigkeit der Reibkraft des Lenkgetriebes von der Zahnstangengeschwindigkeit

Es ist eine Geschwindigkeitsabhängigkeit der Reibkraft erkennbar. Nach einer höheren Reibung bei niedrigeren Geschwindigkeiten stellt sich ein relativ konstantes Niveau der Reibkraft bei mittleren Geschwindigkeiten ein. Zu höheren Geschwindigkeiten hin steigt die Reibkraft wieder etwas an. Dieser Verlauf entspricht qualitativ einer typischen Stribeck Kurve [47].

Die Reibung des Lenkgetriebes kann auch über die Bewegungseinleitung von der anderen Seite her durch Verdrehen des Drehstabs bestimmt werden. Hierfür werden das Moment und der Verdrehwinkel am Drehstab gemessen. Mittels des rotatorischen Aktuators wird eine konstante Drehgeschwindigkeit aufgebracht. Es werden Messungen für Drehgeschwindigkeiten zwischen 15 °/s und 120 °/s durchgeführt. Folgende Abbildung 4.8 zeigt den Absolutwert des Reibmoments über dem Verdrehwinkel für eine Drehgeschwindigkeit von 15 °/s.

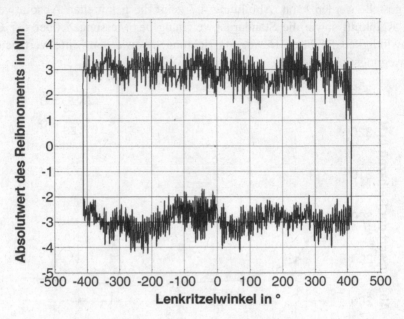

Abbildung 4.8: Absolutwert des Reibmoments über dem Lenkritzelwinkel für eine Drehgeschwindigkeit von 15 °/s

Der Lenkritzelwinkel kann durch den Ritzelradius in den Zahnstangenweg umgerechnet werden. Durch die Mittelung des Reibmoments für einen Bereich von +/- 50 mm Zahnstangenweg um die Mittellage ergibt sich Abbildung 4.9.

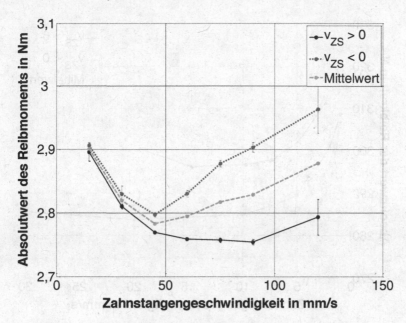

Abbildung 4.9: Abhängigkeit des Reibmoments des Lenkgetriebes von der Zahnstangengeschwindigkeit

Das Reibmoment kann über den Ritzelradius in die äquivalente Reibkraft umgerechnet werden. Somit können Reibkraft und Reibmoment aus den beiden unterschiedlichen Richtungen der Bewegungseinleitung in Abbildung 4.10 dargestellt werden. Das obere Linienpaar stellt das umgerechnete Reibmoment dar.

Der qualitative Verlauf ist bei beiden Belastungsrichtungen identisch. Das Niveau der Reibkraft liegt jedoch bei der Variante der Bewegungseinleitung durch Drehmoment am Drehstab etwas höher als bei der Variante der Bewegungseinleitung durch Kraft an der Zahnstange. Der Unterschied beträgt ca. 7 %. Für diese Arbeit wird die Annahme getroffen, dass im Lenkgetriebe keine Lastrichtungsabhängigkeit vorherrscht.

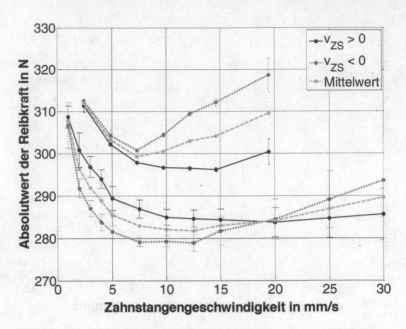

Abbildung 4.10: Abhängigkeit der Reibkraft des Lenkgetriebes von der Zahnstangengeschwindigkeit für die zwei verschiedenen Bewegungseinleitungsvarianten „Drehmoment am Drehstab" (obere Linienschar) und „Kraft an der Zahnstange" (untere Linienschar)

Neben der Untersuchung zur geschwindigkeitsabhängigen Reibung wird die Lastabhängigkeit der Reibung untersucht. Hierfür wird der Linearaktuator über das Druckfederelement an die Zahnstange angeflanscht. Der Linearaktuator wird im Betriebsmodus Kraftregelung betrieben und bringt während eines Manövers eine konstante äußere Last auf die Zahnstange auf. Am Lenkgetriebeeingang wird eine Momenten- und Winkelmessstelle angebracht und die Bewegung für die Messung wird eingeleitet. Abbildung 4.11 zeigt den Aufbau.

Bei diesem Manöver wird lenkgetriebeeingangsseitig eine konstante Verdrehgeschwindigkeit aufgeprägt und hierbei der mittlere Winkelbereich des Lenkgetriebes durchfahren. Dieses Manöver wird bei variierten äußeren Lasten auf die Zahnstange durchgeführt. Die äußere Last auf die Zahnstange wird ausgehend vom lastfreien Fall bis hin zu einer Kraft von +/- 1100 N jeweils in Schritten von 100 N durchgeführt. Die Reibkraft wird über die Differenz des am Lenkgetriebeeingang gemessenen Moments, umgerechnet mit der Lenkübersetzung auf eine Kraft, und der von außen auf die Zahn-stange aufgebrachten Last ermittelt. In nachfolgender Abbildung 4.12 ist der Absolutwert der Reibkraft über dem Moment am Drehstab sowie die Stan-dardabweichung der Messungen aufgetragen.

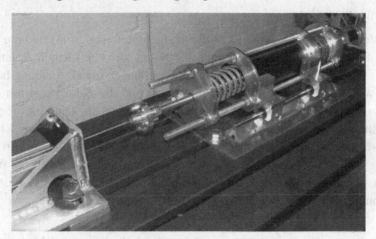

Abbildung 4.11: Bild der Anordnung Linearaktuator mit Druckfeder-element an der Zahnstange

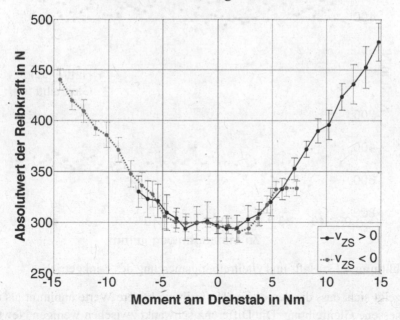

Abbildung 4.12: Lastabhängigkeit der Reibung des Lenkgetriebes

Hierbei ist zu erkennen, dass sich im mittleren Bereich ein konstantes Niveau ausprägt. Ab einer äußeren Kraft, die einem Moment in Höhe der Gleitreibung entspricht, nimmt die Reibkraft linear zum ansteigenden Moment am Drehstab zu. Dieser Lastbereich ist nur für Manöver ohne Hilfskraftunterstützung relevant.

Der Verlauf der geschwindigkeitsabhängigen Reibung in Abbildung 4.10 zeigt die Tendenz eines Reibkraftanstiegs hin zu sehr kleinen Relativgeschwindigkeiten. Für weitergehende Untersuchungen die Haftreibung betreffend, wird das Lenkgetriebe fest aufgespannt und die Zahnstange mit einer langsam stetig ansteigenden externen Kraft beaufschlagt. Die Kraft, bei der die Zahnstange zu gleiten beginnt, wird in nachfolgender Abbildung 4.13 als Haftreibung festgehalten. Dies wird bei verschiedenen Auslenkungen über den gesamten Verfahrweg der Zahnstange wiederholt. Dargestellt ist neben der Losbrechkraft auch der Kraftaufwand für das Verfahren der Zahnstange bei konstanter Geschwindigkeit als Maß für die Gleitreibung.

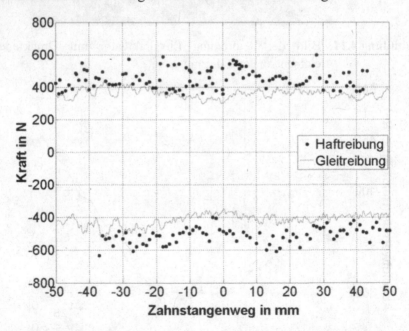

Abbildung 4.13: Haft- und Gleitreibungsmessung des Lenkgetriebes

Es zeigt sich, dass die gemessene Haftreibung höhere Werte annimmt als die gemessene Gleitreibung. Die Differenz schwankt zwischen wenigen Newton bis hin zu 150 N, z. T. auch mehr. Es ist jedoch wahrscheinlich, dass diese hohen Differenzwerte im Fahrzeug durch die Schwingungsanregung im realen Fahrbetreib nicht auftreten.

Nachfolgend wird die Handmomentunterstützung untersucht. Die Handmomentunterstützung ist die Basisfunktion der elektrischen Hilfskraftunterstützung. Sie entspricht im Wesentlichen der Nachbildung einer klassischen hydraulischen Unterstützung.

Für die Ermittlung der Handmomentunterstützung wird das Lenkgetriebe auf dem Prüfstand aufgespannt. Die Zahnstange wird in der Geradeausstellung über eine zwischengeschaltete Kraftmessdose fixiert. Bei der Aufspannung wird darauf geachtet, dass die Zahnstange nicht verspannt wird, so dass es in der Kraftmessdose zu keinem Übersprechen kommt. Lenkzwischenwelle und Lenksäule werden für diesen Versuchsaufbau entfernt. Eine Messstelle für Winkel und Moment wird direkt auf den Drehstab aufgesetzt. Über eine Restbussimulation werden alle relevanten Fahrzeugsignale vorgegeben, die im Lenkungssteuergerät benötigt werden. Die vorgegebene Fahrzeuggeschwindigkeit wird variiert. Es wird quasistatisch ein Moment auf den Drehstab aufgebracht. Für die Darstellung in Abbildung 4.14 wird die gemittelte Zahnstangenkraft von Be- und Entlastung, d.h. Kraftauf- und Kraftabbau sowie das Mittel aus positiver und negativer Verdrehrichtung verwendet. Die dargestellte Kraft an der Zahnstange entspricht der Summe aus der Handmomentunterstützung die vom Elektromotor aufgebracht wird und der eingeleiteten Kraft aus dem Moment am Drehstab. Die Steigung der Geraden der Kraft ohne Handmomentunterstützung entspricht genau dem Wälzkreisradius des Ritzels der Zahnstange. Für die Bestimmung der reinen Handmomentunterstützung wird dieser Anteil heraus gerechnet.

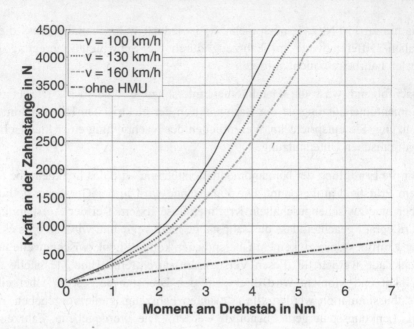

Abbildung 4.14: Zahnstangenkraft über Drehstabmoment für die Bestimmung der Handmomentunterstützung

Neben der Handmomentenunterstützung gibt es weitere Funktionen von
elektrischen Lenkungen [36]. Eine für den On-Center Bereich relevante
Zusatzfunktion ist der aktive Rücklauf. Dieser unterstützt die Rückstellung
der Lenkung in den Mittenbereich. Für die Ermittlung des aktiven Rücklaufs
auf dem Lenkungsprüfstand wird die Zahnstange ohne Einspannung oder
externe Kraftaufbringung frei gelassen. Der Winkel des Drehstabs wird um
die Nulllage herum (ca. +/- 50°) quasistatisch durchfahren und das Moment
am Drehstab wird gemessen.

Bei einer (am Prüfstand simulierten) Fahrzeuggeschwindigkeit von 0 km/h
ist der aktive Rücklauf nahezu inaktiv, es liegt fast kein Rückstellmoment an
und die Hysteresekurve in Abbildung 4.15 weist nur eine minimale Steigung
auf. Sobald am Prüfstand eine Fahrzeuggeschwindigkeit simuliert wird,
unterstützt die Rücklauffunktion die Rückstellung des Drehstabs in die Mit-
telstellung. Die Hysteresekurve weist eine charakteristische Krümmung auf.
Mit zunehmender Geschwindigkeit wird das Rückstellmoment stärker. Alle
vier Hystereskurven werden im Uhrzeigersinn durchlaufen.

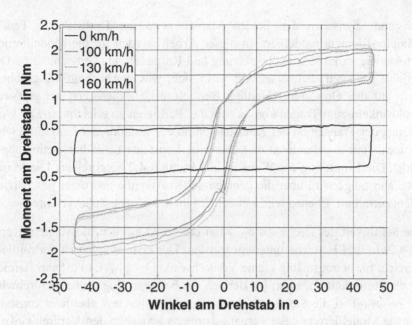

Abbildung 4.15: Drehstabmoment über Drehstabwinkel für die Bestimmung des aktiven Rücklaufs

Für die Bestimmung des Moments des aktiven Rücklaufs wird die Differenz des gemessenen Drehstabmoments bei den jeweils betrachteten Geschwindigkeiten 100 km/h, 130 km/h und 160 km/h mit dem gemessenen Moment bei der Geschwindigkeit 0 km/h gebildet.

4.3 Lenkungsmodell

Nachfolgend wird das Lenkungsmodell beschrieben. In dieser Arbeit wird das Lenksystem vereinfacht als Zwei-Massen-Modell abgebildet. Dieser Ansatz ist auch in der Literatur verbreitet [7, 37]. Die Schnittstellen des Lenkungsmodells zu den anderen Teilmodellen Fahrzeug und Fahrer sind der Lenkradwinkel, die von den Spurstangen auf die Zahnstange wirkende summarische Kraft, das Lenkradmoment und der Zahnstangenweg.

Die zwei Massen des Lenkungsmodells sind die Zahnstange mit einem translatorischen Freiheitsgrad und die Lenksäule mit einem rotatorischen Freiheitsgrad. Zwischen den beiden Massen wird der Drehstab als Feder-Dämpfer-Element modelliert. In dieser Arbeit werden für die Modellierung Effekte wie variable Lenkübersetzung und Kardaneffekte vernachlässigt. Die variable Lenkgetriebeübersetzung wirkt sich, wie in Abschnitt 4.2 gesehen, nicht auf den On-Center Handling Bereich aus, da diese erst bei größeren Lenkwinkeln zum Tragen kommt, um das Parkieren zu erleichtern. Die Umsetzung der Translation der Zahnstange und der Rotation der Lenksäule wird als ideal starr angenommen und über eine konstante Lenkübersetzung abgebildet. Die Ermittlung des Werts ist in Abschnitt 4.2 beschreiben. Die Masse der Zahnstange wird über die geometrischen Abmaße und einer geschätzten Dichte ermittelt. Ebenso wird mit der Trägheit der Lenksäule verfahren.

Die Steifigkeit des Drehstabs c_{TB} kann basierend auf den Messungen (Kapitel 4.2) in drei Bereiche unterteilt werden. Der erste Bereich ist der mittlere Bereich, für betragsmäßig kleine Verdrehwinkel ($< \varphi_{TB,1}$). In diesem Bereich ist die Steifigkeit konstant. Im Bereich für betragsmäßig große Verdrehwinkel ($> \varphi_{TB,2}$) ist die Steifigkeit des Drehstabs höher und ebenfalls konstant. Für die Modellierung des Übergangsbereichs zwischen den Verdrehwinkeln $\varphi_{TB,1}$ und $\varphi_{TB,2}$ bzw. zwischen den beiden konstanten Steifigkeiten $c_{TB,1}$ und $c_{TB,2}$ wird ein trigonometrischer Funktionsansatz gewählt, um einen stetigen Übergang der Steifigkeit c_{TB} zu gewährleisten. Für die Steifigkeit im Übergangsbereich ($\varphi_{TB,1} < \varphi < \varphi_{TB,2}$) gilt Gleichung 4.1:

$$c_{TB} = \frac{c_{TB,2} + c_{TB,1}}{2} + \frac{c_{TB,2} - c_{TB,1}}{2} \cdot - \cos\left(\pi \cdot \frac{\varphi - \varphi_{c_{TB,1}}}{\varphi_{c_{TB,2}} - \varphi_{c_{TB,1}}}\right) \qquad \text{Gl. 4.1}$$

Die Dämpfung des Drehstabs d_{TB} wird über einen Vergleich von Messung und Simulation auf Gesamtfahrzeugebene ermittelt. Es ergeben sich unterschiedliche Dämpfungswerte für die Fälle mit und ohne Hilfskraftunterstützung. Der Grund hierfür liegt vermutlich darin, dass der elektrische Motor im unbestromten Fall einen großen Anteil der Gesamtdämpfung des Lenksystems darstellt.

Aufgrund des gemessenen Verhaltens der Reibung der Zahnstange wird als Reibungsmodell das LuGre-Reibungsmodell nach [5] verwendet. Das LuGre-Modell ist eine Erweiterung des Modells nach Dahl [6], bei dem neben einer Geschwindigkeitsabhängigkeit der Reibung auch Haftung und

Stick-Slip-Effekte durch eine Differentialgleichung erster Ordnung, die die inneren Vorgänge beschreibt, modelliert werden können. Die Parameter für die Reibungskraft des Lenkgetriebes werden über die vorliegenden Prüfstandsmessungen ermittelt.

Die Lastabhängigkeit der Reibung wird über einen Vorfaktor [52] der zu einer Überhöhung der Reibkraft führt, abhängig vom Moment am Drehstab modelliert. Dieser Bereich ist aufgrund der auftretenden Lenkradmomente nur relevant für die Manöver ohne Hilfskraftunterstützung. Folgende Abbildung 4.16 zeigt einen Vorgriff auf die Validierung des Gesamtfahrzeugmodells. Verglichen werden Simulationsdaten mit Messdaten bezüglich des Lenkverhaltens beim Weave Test ohne Hilfskraftunterstützung.

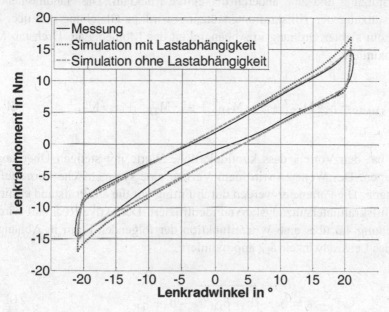

Abbildung 4.16: Vergleich Simulation mit und ohne Lastkraftüberhöhung mit Messung für das Manöver Weave Test

Es ist zu erkennen, dass die Lastabhängigkeit bei größeren Lenkradmomenten zu höherer Reibung und somit auch zu höheren Lenkradmomenten führt. Diese höheren Lenkradmomente führen jedoch zu einer stärkeren Abweichung zwischen Simulation und Messung bei Verwendung der Modellierung der Lastabhängigkeit, weshalb diese im Modell nicht weiter berücksichtigt wird. Die Ursache des Unterschieds verbleibt unklar.

Stick-Slip-Effekte, die auf dem Prüfstand gemessen wurden, werden durch das Reibungsmodell durch den Übergang von Haft- und Gleitreibung abgebildet. Es wurde eine mittlere Haftreibungskraft von ca. 478 N am Prüfstand ermittelt. Es wird jedoch davon ausgegangen, dass durch das im Fahrzeug vorherrschende Vibrationsverhalten und die Schwingungsanregung ein weniger stark ausgeprägtes Niveau an Haftreibung auftritt. Für das Lenkungsmodell wird der Wert daher auf 315 N reduziert.

Für das Lenkungsmodell werden die beiden wesentlichen Effekte der Hilfskraftunterstützung modelliert. Dies sind zum einen die Handmomentenunterstützung und zum anderen der aktive Rücklauf. Die Handmomentenunterstützung der Hilfskraftunterstützung wird in Gleichung 4.2 über ein Polynom siebter Ordnung in Abhängigkeit des Moments am Drehstab M_{TB} approximiert:

$$F_{PS,HMU} = a_1 \cdot M_{TB}{}^7 + a_2 \cdot M_{TB}{}^5 + a_3 \cdot M_{TB}{}^3 + a_4 \cdot M_{TB}{}^1 \qquad \text{Gl. 4.2}$$

Dies hat den Vorteil, dass kontinuierliche Werte mit stetigen Übergängen vorliegen. Des Weiteren wird dem Verlauf eine symmetrische Form aufgezwungen. Die Parameter werden durch Fitting auf die am Prüfstand ermittelten Hilfskraftunterstützungskurven identifiziert. Der aktive Rücklauf wird in Gleichung 4.3 über eine Wurzelfunktion der folgenden Form in Abhängigkeit des Lenkradwinkels δ_{LR} approximiert:

$$F_{PS,AR} = b_1 \cdot \sqrt{b_2 \cdot \delta_{LR}{}^{b_3}} + b_4 \cdot \delta_{LR}{}^1 \qquad \text{Gl. 4.3}$$

Auch hier erfolgt die Parameteridentifikation über Fitting auf die am Prüfstand ermittelten Werte.

5 Gesamtfahrzeugmodell

Das Gesamtfahrzeugmodell setzt sich aus den Teilmodellen Lenkung und Fahrzeug zusammen. Abbildung 5.1 zeigt den schematischen Aufbau des Gesamtfahrzeugmodells mit den Schnittstellen zwischen den Teilmodellen.

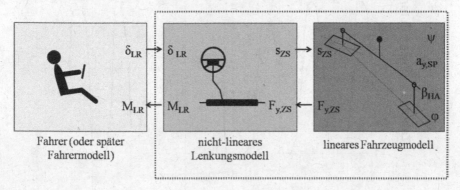

Abbildung 5.1: Schematische Darstellung des Gesamtfahrzeugmodells

Der Verbund der Teilmodelle, zusammengesetzt aus dem Lenkungsmodell aus Kapitel 4.3 und dem Fahrzeugmodell aus Kapitel 3.2, wird im Folgenden gemeinsam validiert. Zunächst wird das Modell ohne Hilfskraftunterstützung, d.h. rein der mechanische Teil validiert.

5.1 Validierung ohne Hilfskraftunterstützung

Die Validierung erfolgt zunächst anhand eines Vergleichs mit gemessenen Zeitbereichssignalen. Hierbei dient der gemessene Lenkradwinkel als Eingangsgröße in das Modell. Die gewählten Fahrmanöver enthalten niederfrequente Lenkbewegungen mit Amplituden aus dem On-Center Bereich. Nachfolgend werden in Abbildung 5.2 die Modellausgangsgrößen Zahnstangenweg (a), Gierrate (b), Querbeschleunigung (c) und Lenkradmoment (d) mit den gemessenen Größen verglichen.

© Springer Fachmedien Wiesbaden GmbH, ein Teil von Springer Nature 2020
A. Singer, *Analyse des Einflusses elektrisch unterstützter Lenksysteme auf das Fahrverhalten im On-Center Handling Bereich moderner Kraftfahrzeuge*, Wissenschaftliche Reihe Fahrzeugtechnik Universität Stuttgart, https://doi.org/10.1007/978-3-658-29605-6_5

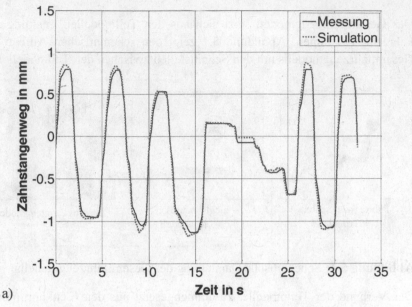

a)

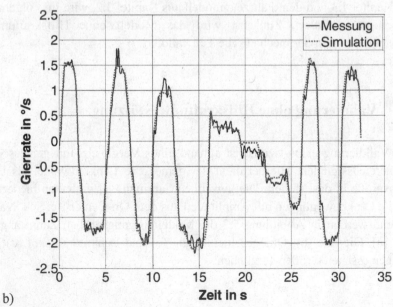

b)

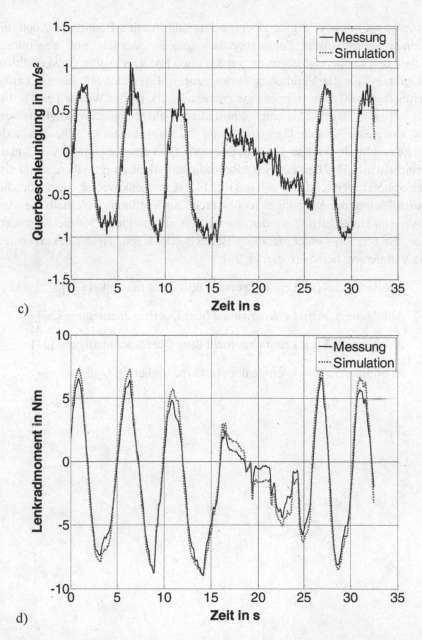

c)

d)

Abbildung 5.2: Vergleich zwischen Simulation und Messung anhand von Zeitbereichssignalen zur Validierung des Gesamtfahrzeug-modells ohne Hilfskraftunterstützung

Es zeigt sich eine sehr gute Übereinstimmung in allen Bereichen. Auch die kleinen schrittweisen Zahnstangenbewegungen werden gut abgebildet. Neben den Zeitbereichssignalen werden auch Hysteresekurven ausgewählter Diagramme für die Validierung herangezogen. Ein Manöver, das das Lenkgefühl des On-Center Bereichs gut charakterisiert, ist der Weave Test [8, 10, 52]. Hierbei wird bei einer konstanten Fahrzeuggeschwindigkeit von 100 km/h eine Sinuslenkbewegung von 0,25 Hz aufgeprägt. Die Lenkradwinkelamplitude wird so gewählt, dass eine Querbeschleunigung von 2 m/s² erreicht wird [53]. Um eine gute Reproduzierbarkeit zu erreichen, sollte ein Lenkroboter verwendet werden [10, 11]. Ein Lenkroboter steht für die Durchführung der Messungen jedoch nicht zur Verfügung, weshalb die Manöver von Hand gelenkt werden. Es werden in Abbildung 5.3 die folgenden vier, für den On-Center Handling Bereich relevanten, Hysteresekurven für die Validierung herangezogen [9, 33]:

- Abbildung 5.3 (a): Lenkradmoment über Lenkradwinkel [33]

- Abbildung 5.3 (b): Lenkradwinkel über Querbeschleunigung [33]

- Abbildung 5.3 (c): Lenkradmoment über Querbeschleunigung [33]

- Abbildung 5.3 (d): Gierrate über Lenkradwinkel [9]

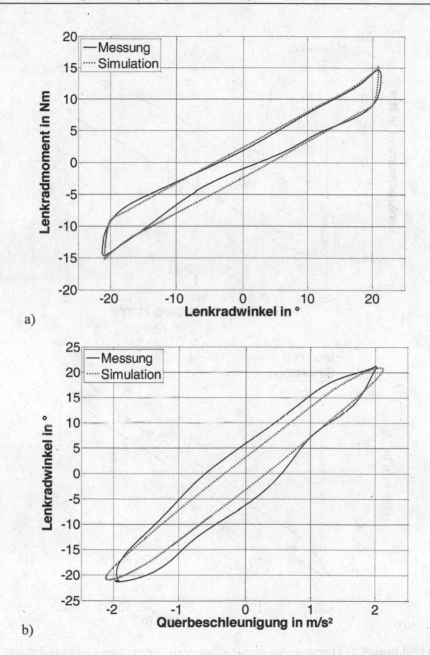

a)

b)

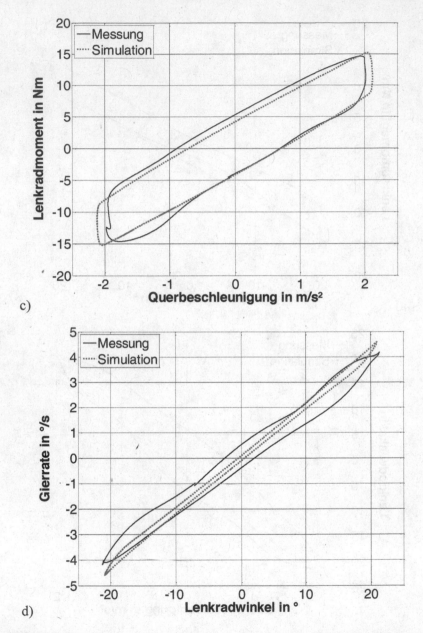

c)

d)

Abbildung 5.3: Hysteresediagramme zur Validierung des Gesamtfahrzeug-modells ohne Hilfskraftunterstützung anhand des Manövers Weave Test

Die dargestellten Hystereseschleifen stellen jeweils den eingschwungenen Zustand des Manövers Weave Test dar. Die Hystereseschleifen in den Abbildung 5.3 (a), (b) und (c) werden jeweils im Uhrzeigersinn durchlaufen, während die in Abbildung 5.3 (d) entgegen gesetzt durchlaufen wird.

Es zeigt sich generell eine gute Übereinstimmung zwischen Messung und Simulation. Die Hysteresekurven weisen einen sehr ähnlichen Verlauf auf. Einige Messungen zeigen einen z. T. nicht symmetrischen Verlauf. Die Ursache hierfür ist, dass die Messungen ohne Lenkroboter durchgeführt wurden. Die gemessenen Hysteresekurven der Diagramme Lenkradwinkel über Querbeschleunigung (b) und Gierrate über Lenkradwinkel (d) weisen eine größere Hysteresefläche auf als die simulierten Kurven.

Neben dem qualitativen Vergleich der Hysteresekurven wird für einen quantitativen Vergleich zwischen Simulation und Messung auf objektive Kennwerte nach [9, 33, 53] zurückgegriffen. Diese Kennwerte leiten sich aus den Hysteresekurven wie folgt ab:

Abbildung 5.3 (a): Lenkradmoment über Lenkradwinkel

■ Lenkungssteifigkeit in Nm/° („„steering stiffness" [33]): Die Steigung der Hysteresekurve im Diagramm Lenkradmoment über Lenkradwinkel bei einem Lenkradwinkel von 0° in einem Bereich von 10 % des maximalen Lenkwinkels. Dieser Kennwert ist ein Maß für das Mittengefühl („center feel") [10] und die Mittenzentrierung [8]. Positiv bewertete Größenordnung liegt zwischen 0,22 Nm/° und 0,35 Nm/°, wobei niedrigere Werte (< 0,30 Nm/°) komfortabel und höhere Werte (> 0,30 Nm/°) sportlicher bewertet werden [8].

■ Lenkungsreibung in Nm („„steering friction" [9]): Der eingeschlossene Teil der Ordinatenachse innerhalb der Hysteresekurve ist ein Maß für die vorhandene Reibung. Gut beurteilte Werte für hydraulisch unterstützte Lenksysteme liegen im Bereich von 0,5 Nm - 1,5 Nm [8].

■ Lenkradmomententotband in ° („„torque deadband" [9]): Der eingeschlossene Teil der Abszissenachse innerhalb der Hysteresekurve. Dieser Kennwert ist ein Maß für die Rücklaufwilligkeit. Positiv beurteilte Werte liegen im Bereich 1,5° bis 5,0° [8].

Abbildung 5.3 (b): Lenkradwinkel über Querbeschleunigung

■ Lenkungsempfindlichkeit in $(m/s^2)/°$ („steering sensitivity" [33]):
Norman [33] definiert den Kennwert als das hundertfache der inversen
Steigung der Hysteresekurve bei einer Querbeschleunigung von 1 m/s^2.
In dieser Arbeit wird aber die Definition nach [10] verwendet, wonach
der Kennwert die inverse Steigung der Hysteresekurve in einem Bereich
von 20 % des maximalen Lenkradwinkels um 0° herum ist. Dieser
Kennwert ist ein Maß für die Lenkungsrückmeldung („steering
response") und den Lenkwinkelbedarf („steering angle demand") [10].

Abbildung 5.3 (c): Lenkradmoment über Querbeschleunigung

■ Lenkradmomentgradient in $Nm/(m/s^2)$ („steering torque gradient" [33]):
Die Steigung der Hysteresekurve im Diagramm Lenkradmoment über
Querbeschleunigung bei einer Querbeschleunigung von 0 m/s^2 und
1 m/s^2. Diese beiden Kennwerte sind ein Maß für das Straßengefühl
(„road feel") [33]. Nach [10] gibt der Lenkradmomentgradient bei
0 m/s^2 auch ein subjektives Gefühl für die Lenkungsreibung.

■ Lenkradmoment in Nm bei einer Querbeschleunigung von 0 m/s^2 und
1 m/s^2 [33]: Der Wert des Lenkradmoments bei einer Querbeschleunigung von 0 m/s^2 bzw. 1 m/s^2 ist sowohl ein Maß für das
Lenkradmoment On-Center („steering torque on center") [10] als auch
für die Reibung bzw. den Lenkaufwand („steering effort") [33].

■ Querbeschleunigung in m/s^2 bei Lenkradmoment 0 Nm [33]:
Die Querbeschleunigung bei Lenkradmoment 0 Nm im Hysterese-
diagramm ist ein Maß für den Rücklauf („returnability") [33] und die
Lenkpräzision („steering precision") [10].

Abbildung 5.3 (d): Gierrate über Lenkradwinkel

■ Lenkungsansprechen in $(°/s)/°$ („yaw rate response gain" [9]): Die mittlere Steigung der Hysteresekurve im Diagramm Gierrate über Lenkradwinkel in einem Bereich von 20 % des maximalen Lenkradwinkels
bei einem Lenkradwinkel von 0°. Der Kennwert wird auch als Gierverstärkung bezeichnet [8]. Positiv beurteilte Werte liegen im Bereich

0,18 (°/s)/° bis 0,28 (°/s)/°, wobei niedrigere Werte als komfortbetont (< 0,22 (°/s)/°) und höhere Werte (> 0,22 (°/s)/°) als sportlich beurteilt wurden [8].

■ Steifigkeit Amplitude Gierrate / Amplitude Lenkradwinkel in (°/s)/° [10]: Der Quotient aus den Amplituden der Gierrate und des Lenkradwinkels ist wie die Lenkungsempfindlichkeit ein Maß für die Lenkungsrückmeldung („steering response") und den Lenkwinkelbedarf („steering angle demand") [10].

Eine Gegenüberstellung der Kennwerte, die sich aus den Diagrammen ergeben, aus Messung und Simulation zeigt die nachfolgende Tabelle 5.1.

Tabelle 5.1: Kennwerte der Hysteresediagramme für die Validierung ohne Hilfskraftunterstützung

	Messung	Simulation	Abweichung
Lenkungssteifigkeit in Nm/°	0,544	0,564	3,6 %
Lenkungsreibung in Nm	3,76	4,74	26,1 %
Lenkradmomententotband in °	7,20	8,39	16,4 %
Lenkungsempfindlichkeit in (m/s²)/°	0,089	0,097	8,2 %
Lenkradmomentgradient bei 0 m/s² in Nm/(m/s²)	5,67	5,74	1,2 %
Lenkradmomentgradient bei 1 m/s² in Nm/(m/s²)	7,04	5,38	-23,5 %
Lenkradmoment bei 0 m/s² in Nm	4,64	4,16	-10,3 %
Lenkradmoment bei 1 m/s² in Nm	10,93	9,74	-10,8 %
Querbeschleunigung bei 0 Nm in m/s²	0,789	0,712	-9,8 %
Lenkungsansprechen in (°/s)/°	0,192	0,206	7,1 %
Steifigkeit Quotient Amplitude Gierrate Lenkradwinkel in (°/s)/°	0,196	0,219	11,6 %

Für die Ermittlung der Kennwerte wird ein Bereich um die Sollgröße bestimmt und ein Fitting der Werte jeweils für die beiden Äste des Diagramms vorgenommen. Der Kennwert ergibt sich aus dem Mittelwert der durch Fitting identifizierten Werte der beiden Äste. Im vorliegenden Fall wird aufgrund des nicht symmetrischen Verlaufs für die Ermittlung der Kennwerte aus Abbildung 5.3 (a) Lenkradmoment über Lenkradwinkel und Abbildung 5.3 (b) Lenkradwinkel über Querbeschleunigung im Fall der Messung lediglich der obere Ast des Diagramms verwendet.

5.2 Validierung mit Hilfskraftunterstützung

Wie auch im vorhergehenden Kapitel bei der Validierung ohne Hilfskraftunterstützung werden bei der Validierung des Gesamtfahrzeugmodells mit Hilfskraftunterstützung Zeitbereichssignale aus Fahrzeugmessungen verwendet. Es wird das identische Prinzip angewendet, der gemessene Lenkradwinkel dient als Eingangsgröße in das Modell. Nachfolgend in Abbildung 5.4 werden die Modellausgangsgrößen Zahnstangenweg (a), Gierrate (b), Querbeschleunigung (c) und Lenkradmoment (d) mit den gemessenen Größen verglichen.

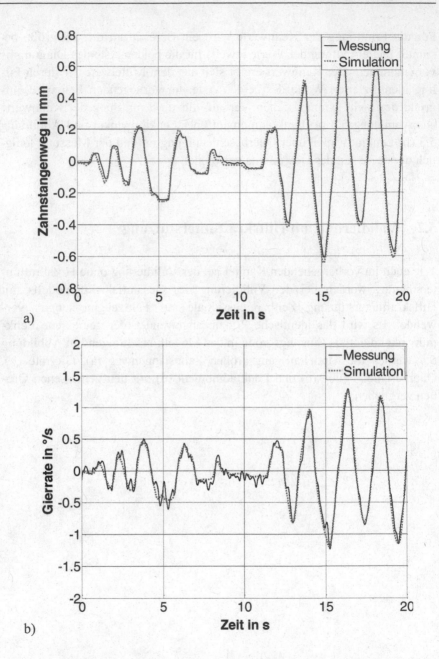

a)

b)

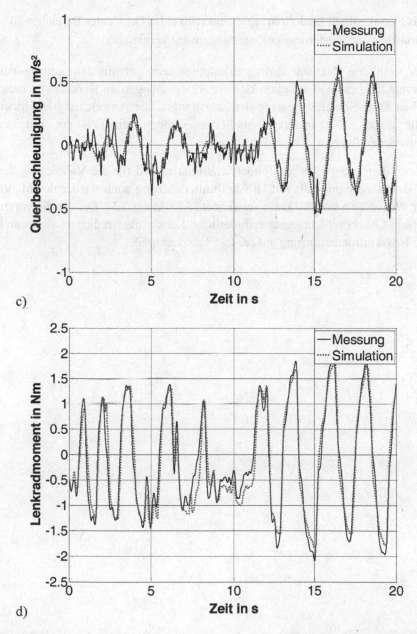

c)

d)

Abbildung 5.4: Vergleich zwischen Simulation und Messung anhand von Zeitbereichssignalen zur Validierung des Gesamtfahrzeug-modells mit Hilfskraftunterstützung

Das Signal enthält niederfrequente Lenkwinkel im On-Center Bereich < 10°. Zunächst wird wiederum der Zahnstangenweg vergleichen.

Der simulierte Zahnstangenweg (a) stimmt sehr gut mit dem gemessenen überein. Es bestehen lediglich kleinere Abweichungen im Bereich von möglichen Stick-Slip-Bewegungen der Zahnstange. Die Abweichung ist jedoch sehr gering. Die anderen simulierten Größen stimmen gut mit der gemessenen überein.

Neben dem Vergleich der Zeitbereichssignale wird für die Validierung des Gesamtfahrzeugmodells mit Hilfskraftunterstützung auch wieder das Manöver Weave Test bei 100 km/h verwendet (Abbildung 5.5). Der für die vorgegebene Querbeschleunigung erforderliche Lenkwinkel reduziert sich durch die Hilfskraftunterstützung auf ca. 15,5° am Lenkrad.

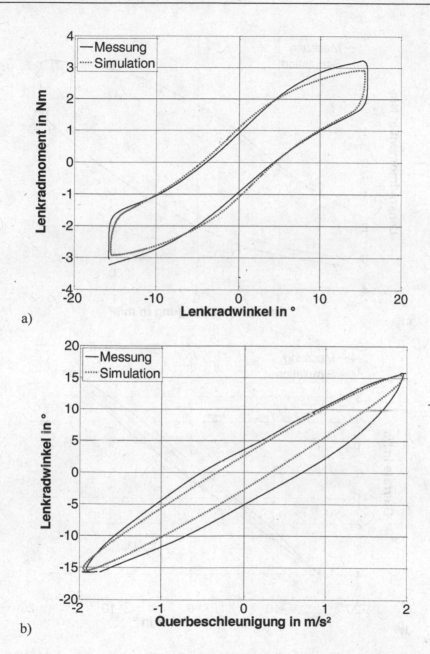

a)

b)

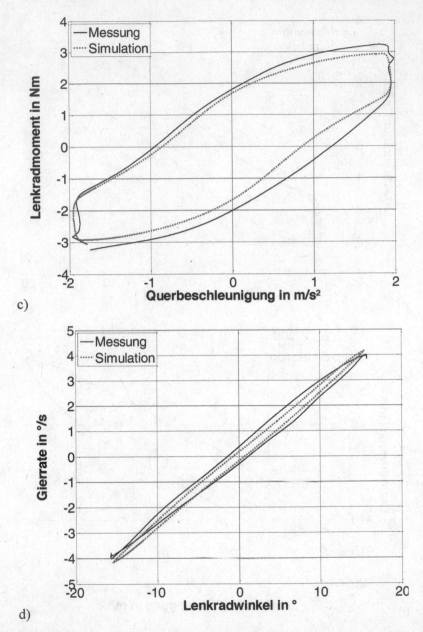

c)

d)

Abbildung 5.5: Hysteresediagramme zur Validierung des Gesamtfahrzeugmodells mit Hilfskraftunterstützung anhand des Manövers
Weave Test

Bei diesem Fahrmanöver ist der Einfluss des fehlenden Lenkroboters weniger stark ausgeprägt. Die Diagramme in Abbildung 5.5 zeigen eine gute Übereinstimmung der Hysteresekurven. Lediglich die Hysteresefläche im Diagramm Lenkradwinkel über Querbeschleunigung fällt in der Simulation geringer aus.

Auch für die Variante mit Hilfskraftunterstützung werden die bereits beschriebenen Kennwerte in Tabelle 5.2 für einen quantitativen Vergleich gegenübergestellt.

Somit kann nun das für die Messungen verwendete Fahrzeug anhand der gewählten Kennwerte wie folgt eingeordnet werden:

Die Lenkungssteifigkeit des gemessenen Fahrzeugs liegt, entsprechend der in Kapitel 5.1 vorgestellten subjektiv positiv bewerteten Bereiche, an der unteren Grenze der komfortablen Bewertung. Die Lenkungsreibung übersteigt den positiv bewerteten Bereich leicht, ebenso wie das Lenkradmomententotband. Die Querbeschleunigung bei 0 Nm liegt hingegen im gut bewerteten Bereich, wie auch das Lenkungsansprechen, das im sportlichen Bereich angesiedelt ist.

Im nächsten Kapitel wird das nun validierte Gesamtfahrzeugmodell verwendet, um die Auswirkungen von Parametervariationen aufzuzeigen.

Tabelle 5.2: Kennwerte der Hysteresediagramme für die Validierung mit Hilfskraftunterstützung

	Messung	Simulation	Abweichung
Lenkungssteifigkeit in Nm/°	0,235	0,243	3,2 %
Lenkungsreibung in Nm	1,86	2,19	18,1 %
Lenkradmomententotband in °	8,26	8,93	8,1 %
Lenkungsempfindlichkeit in (m/s²)/°	0,129	0,121	6,9 %
Lenkradmomentgradient bei 0 m/s² in Nm/(m/s²)	1,41	1,50	6,8 %
Lenkradmomentgradient bei 1 m/s² in Nm/(m/s²)	0,550	0,581	5,6 %
Lenkradmoment bei 0 m/s² in Nm	1,90	1,67	12,1 %
Lenkradmoment bei 1 m/s² in Nm	2,91	2,64	-9,1 %
Querbeschleunigung bei 0 Nm in m/s²	1,09	0,858	-21,2 %
Lenkungsansprechen in (°/s)/°	0,262	0,254	-3,0 %
Steifigkeit Quotient Amplitude Gierrate Lenkradwinkel in (°/s)/°	0,254	0,269	5,7 %

6 Sensitivitätsanalyse

Um den Einfluss der Parameter des Lenkungsmodells zu identifizieren wird im Folgenden eine Sensitivitätsanalyse durchgeführt. Das hierzu verwendete Manöver ist wie bei der Validierung des Gesamtfahrzeugmodells ein Weave Test. Mithilfe der Daten des Weave Tests werden die bereits beschriebenen Hysteresediagramme erstellt und daraus die Kennwerte ermittelt. Die für die Validierung des Modells in Kapitel 5 verwendeten Parameter sind die Ausgangsbasis für die Parametervariation.

Im Kapitel 6.1 wird mit der Vorderachssteifigkeit des Einspurmodells ein Fahrzeugparameter variiert. In den beiden nachfolgenden Kapiteln 6.2 und 6.3 wird die Variation grundlegender mechanischer Eigenschaften der Lenkung analysiert. Hierbei werden die beiden Fälle mit und ohne Hilfskraftunterstützung betrachtet. Die beiden letzten Kapitel 6.4 und 6.5 befassen sich mit der Variation von Parametern der Hilfskraftunterstützung, wodurch diese Unterteilung hinfällig wird.

6.1 Variation der Vorderachssteifigkeit

Als erster Parameter der Sensitivitätsanalyse wird die Vorderachssteifigkeit des Einspurmodells um 25 % erhöht. Die nachfolgenden Diagramme in Abbildung 6.1 zeigen die Hysteresekurven, die aus dem Manöver Weave Test ohne Hilfskraftunterstützung resultieren. Um die höhere Vorderachssteifigkeit zu kompensieren, wurde der Lenkradwinkel von 21° auf 17,5° reduziert, um die gleiche maximale Querbeschleunigung wie im Basis Fall zu erreichen. Tabelle 6.1 zeigt die Auswirkung der Parametervariation auf die bereits für die Validierung des Modells verwendeten Kennwerte.

© Springer Fachmedien Wiesbaden GmbH, ein Teil von Springer Nature 2020
A. Singer, *Analyse des Einflusses elektrisch unterstützter Lenksysteme auf das Fahrverhalten im On-Center Handling Bereich moderner Kraftfahrzeuge*, Wissenschaftliche Reihe Fahrzeugtechnik Universität Stuttgart, https://doi.org/10.1007/978-3-658-29605-6_6

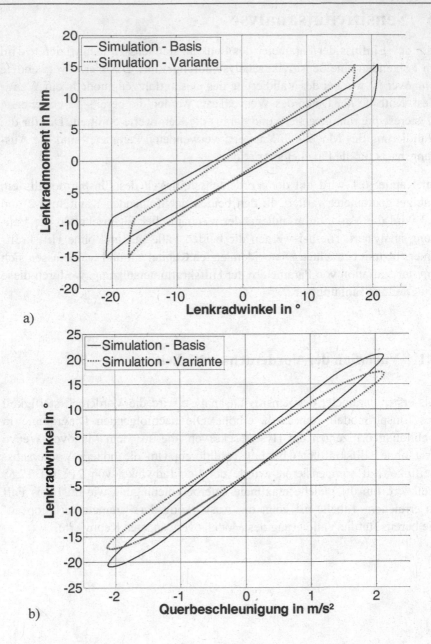

a)

b)

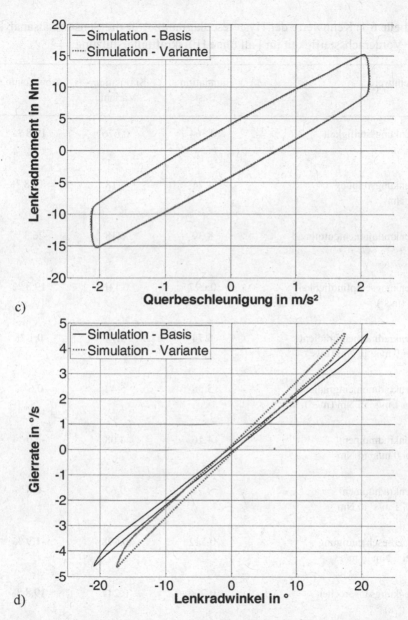

c)

d)

Abbildung 6.1: Einfluss der Variante „erhöhte Vorderachssteifigkeit" auf die Hysteresediagramme im Fall ohne Hilfskraftunterstützung

Tabelle 6.1: Kennwerte der Hysteresediagramme für die Sensitivitätsanalyse der Vorderachssteifigkeit im Fall ohne Hilfskraftunterstützung

Kennwert	Simulation - Basis	Simulation - Variante	Abweichung
Lenkungssteifigkeit in Nm/°	0,564	0,676	19,8 %
Lenkungsreibung in Nm	4,74	4,18	-11,8 %
Lenkradmomententotband in °	8,39	6,18	-26,3 %
Lenkungsempfindlichkeit in (m/s^2)/°	0,097	0,116	19,8 %
Lenkradmomentgradient bei 0 m/s^2 in $Nm/(m/s^2)$	5,74	5,74	0,1 %
Lenkradmomentgradient bei 1 m/s^2 in $Nm/(m/s^2)$	5,38	5,42	0,6 %
Lenkradmoment bei 0 m/s^2 in Nm	4,16	4,08	-2,0 %
Lenkradmoment bei 1 m/s^2 in Nm	9,74	9,67	-0,8 %
Querbeschleunigung bei 0 Nm in m/s^2	0,712	0,698	-1,9 %
Lenkungsansprechen in (°/s)/°	0,206	0,247	19,8 %
Steifigkeit Quotient Amplitude Gierrate Lenkradwinkel in (°/s)/°	0,219	0,265	20,9 %

In den Diagrammen (a), (b) und (d) in Abbildung 6.1 ergibt sich durch die geänderte Vorderachssteifigkeit eine andere Steigung der Hysteresekurve. Dies liegt an der Reduzierung des Lenkradwinkels. Die Größen Lenkrad-moment, Querbeschleunigung und Gierrate sind durch die Parameter-variation nahezu unbeeinflusst, wodurch sich für das dritte Diagramm (c), Lenkradmoment über Querschleunigung, durch die Parametervariation keine Auswirkung ergibt.

Die geänderte Steigung der Hysteresekurven aus den Diagrammen (a), (b) und (d) findet sich in den daraus gebildeten Kennwerten Lenkungssteifigkeit, Lenkungsempfindlichkeit und Lenkungsansprechen in Tabelle 6.1 wieder. Diese variieren um ca. 20 %, was auch quantitativ der Änderung der Vorder-achssteifigkeit um 25 % recht gut entspricht. Auf die Analyse der Aus-wirkung auf das subjektive Empfinden wird bei den Varianten ohne Hilfs-kraftunterstützung verzichtet, da die in der Literatur angegebenen, positiv bewerteten Wertebereiche sich auf Fahrzeuge mit Hilfskraftunterstützung beziehen.

In Abbildung 6.2 wird die gleiche Änderung der Vorderachssteifigkeit für den Fall mit Hilfskraftunterstützung analysiert. Für diesen Fall wurde der Lenkradwinkel von 15,5° auf 12,25° reduziert, um die gleiche maximale Querbeschleunigung wie bei der Basis-Simulation zu erreichen.

Die Diagramme der Hysteresekurven in Abbildung 6.2 zeigen ein sehr ähnli-ches Verhalten im Vergleich zum Fall ohne Hilfskraftunterstützung. Die Diagramme (a), (b) und (d) weisen ebenfalls eine geänderte Steigung auf, wohingegen das Diagramm (c) nahezu keine Änderung im Vergleich zur Basis-Simulation aufweist.

Wie im Fall ohne Hilfskraftunterstützung spiegeln die Kennwerte Lenkungs-steifigkeit, Lenkungsempfindlichkeit und Lenkungsansprechen den Anstieg der Vorderachssteifigkeit um 25 % auch quantitativ sehr gut wider, siehe Tabelle 6.2. Für die subjektive Bewertung der Parameteränderung wird, wie in Kapitel 5.1, auf Werte aus der Literatur zurückgegriffen. Die Lenkungs-steifigkeit liegt durch den Anstieg der Vorderachssteifigkeit nun nicht mehr im Bereich komfortbetonter Fahrzeuge (0,22 Nm/° - 0,30 Nm/°), sondern im Bereich sportlich bewerteter Fahrzeuge (0,30 Nm/° - 0,35 Nm/°) [8]. Auch das Lenkungsansprechen verschiebt sich vom komfortabel wahrgenom-menen Bereich über den sportlich wahrgenommenen Bereich hinaus [8].

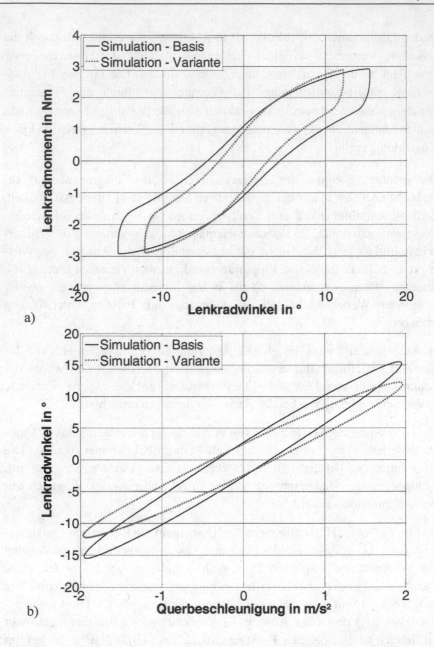

a)

b)

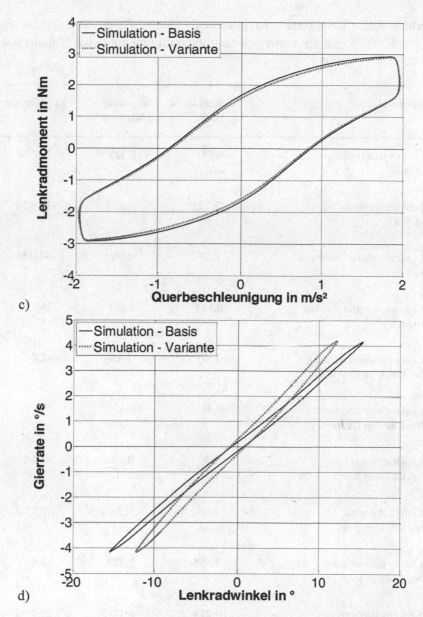

c)

d)

Abbildung 6.2: Einfluss der Variante „erhöhte Vorderachssteifigkeit" auf die Hysteresediagramme im Fall mit Hilfskraftunterstützung

Tabelle 6.2: Kennwerte der Hysteresediagramme für die Sensitivitätsanalyse der Vorderachssteifigkeit im Fall mit Hilfskraftunterstützung

Kennwert	Simulation - Basis	Simulation - Variante	Abweichung
Lenkungssteifigkeit in Nm/°	0,243	0,305	25,7 %
Lenkungsreibung in Nm	2,19	1,83	-16,4 %
Lenkradmomententotband in °	8,93	5,98	-33,0 %
Lenkungsempfindlichkeit in (m/s²)/°	0,121	0,152	26,3 %
Lenkradmomentgradient bei 0 m/s² in Nm/(m/s²)	1,50	1,48	-1,4 %
Lenkradmomentgradient bei 1 m/s² in Nm/(m/s²)	0,581	0,613	5,6 %
Lenkradmoment bei 0 m/s² in Nm	1,67	1,58	-5,4 %
Lenkradmoment bei 1 m/s² in Nm	2,64	2,56	-3,0 %
Querbeschleunigung bei 0 Nm in m/s²	0,858	0,829	-3,4 %
Lenkungsansprechen in (°/s)/°	0,254	0,321	26,2 %
Steifigkeit Quotient Amplitude Gierrate Lenkradwinkel in (°/s)/°	0,269	0,342	27,2 %

6.2 Variation der Lenkübersetzung

Als nächstes werden, beginnend mit dem Radius des Lenkritzels, Parameter des Lenksystems variiert. Dieser wird für die folgende Betrachtung um 25 % vergrößert, was eine direktere Lenkübersetzung bedeutet. Die nachfolgenden Diagramme zeigen die Hysteresekurven, die aus dem Manöver Weave Test ohne Hilfskraftunterstützung resultieren. Es werden zunächst die rein mechanischen Auswirkungen der Änderung untersucht, wofür das Gesamtfahrzeugmodell ohne Hilfskraftunterstützung verwendet wird. Aufgrund der geänderten Lenkübersetzung reduziert sich der Lenkradwinkel, der für die Erreichung der Querbeschleunigung von 2 m/s² für den Weave Test erforderlich ist, von 21° auf 18°.

Im Diagramm (a) Lenkradmoment über Lenkradwinkel in Abbildung 6.3 ergibt sich aufgrund der geänderten Lenkübersetzung eine stärkere Steigung der Hystereseschleife. Neben dem reduzierten maximalen Lenkradwinkel ist auch das höhere maximale Lenkradmoment erkennbar. Entsprechend erhöht sich der aus dem Diagramm abgeleitete Kennwert Lenkungssteifigkeit um ca. 33 %, siehe Tabelle 6.3, d.h. die Änderung der Lenkübersetzung von 25 % wird durch den Kennwert auch quantitativ relativ gut wiedergegeben. Des Weiteren ist der modellierte Übergang der Steifigkeit des Drehstabs im Diagramm erkennbar. Der ohnehin bereits steilere Anstieg wird durch das Erhöhen der Steifigkeit kurz vor dem Umkehrpunkt erneut gesteigert. Dieser Effekt ist auch in den Diagrammen (b), Lenkradwinkel über Querbeschleunigung, und Diagramm (d), Gierrate über Lenkradwinkel, ersichtlich. In beiden Diagrammen ist der mittlere Bereich um Lenkwinkel im Geradeausbereich nahezu identisch. Im nachfolgend untersuchten Fall mit Hilfskraftunterstützung kommt der Bereich, in dem die Drehstabsteifigkeit ansteigt, nicht zum Tragen, da durch die Hilfskraftunterstützung der weichere, mittlere Bereich des Drehstabs beim Weave Test nicht verlassen wird.

Im Diagramm (c), Lenkradmoment über Querbeschleunigung, wirkt sich die direktere Lenkübersetzung durch eine höhere Steigung der Hysteresekurve aus, da das Lenkradmoment entsprechend höher ausfällt. Der aus diesem Diagramm ermittelte Kennwert Lenkradmomentgradient bildet die um 25 % direktere Lenkübersetzung durch einen Anstieg um ca. 25 % bzw. 27 % quantitativ exakt ab.

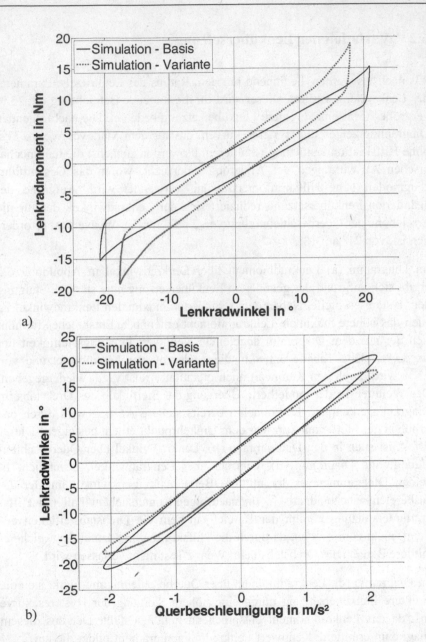

a)

b)

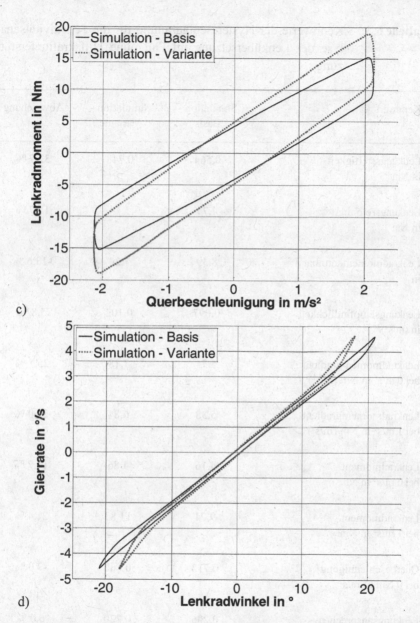

c)

d)

Abbildung 6.3: Einfluss der Variante „erhöhte Lenkübersetzung" auf die Hysteresediagramme im Fall ohne Hilfskraftunterstützung

Die nachfolgende Tabelle 6.3 zeigt die Auswirkung der Parametervariation auf die bereits für die Validierung des Modells verwendeten Kennwerte.

Tabelle 6.3: Kennwerte der Hysteresediagramme für die Sensitivitätsanalyse der Lenkübersetzung im Fall ohne Hilfskraftunterstützung

Kennwert	Simulation - Basis	Simulation - Variante	Abweichung
Lenkungssteifigkeit in Nm/°	0,564	0,748	32,7 %
Lenkungsreibung in Nm	4,74	5,44	14,7 %
Lenkradmomententotband in °	8,39	7,24	-13,6 %
Lenkungsempfindlichkeit in $(m/s^2)/°$	0,097	0,102	5,8 %
Lenkradmomentgradient bei 0 m/s^2 in $Nm/(m/s^2)$	5,74	7,18	25,1 %
Lenkradmomentgradient bei 1 m/s^2 in $Nm/(m/s^2)$	5,38	6,84	27,0 %
Lenkradmoment bei 0 m/s^2 in Nm	4,16	4,86	16,7 %
Lenkradmoment bei 1 m/s^2 in Nm	9,74	11,83	21,4 %
Querbeschleunigung bei 0 Nm in m/s^2	0,712	0,662	-7,0 %
Lenkungsansprechen in (°/s)/°	0,206	0,220	6,6 %
Steifigkeit Quotient Amplitude Gierrate Lenkradwinkel in (°/s)/°	0,219	0,258	17,8 %

Nach der Bewertung der mechanischen Auswirkung werden im Folgenden die Diagramme mit den Hysteresekurven, die aus dem Manöver Weave Test mit Hilfskraftunterstützung resultieren, analysiert. Aufgrund der geänderten Lenkübersetzung reduziert sich der Lenkradwinkel für die Erreichung der erforderlichen Querbeschleunigung für den Weave Test von 15,5° auf 12,75°.

Wie im Fall ohne Hilfskraftunterstützung weist in Diagramm (a) der Abbildung 6.4, Lenkradmoment über Lenkradwinkel, die Hystereseschleife eine stärkere Steigung auf. Das maximale Lenkradmoment hingegen ist durch die Änderung fast unbeeinflusst, was an der Hilfskraftunterstützung in diesem Bereich liegt. Dies wird bei einem Blick auf das gleiche Diagramm beim Vergleich ohne Hilfskraftunterstützung deutlich (Abbildung 6.3). Das bedeutet, dass der durch die direktere Lenkung eigentlich höhere Kraftaufwand durch die Hilfskraftunterstützung kompensiert wird. Hierdurch leitet sich eine Vergrößerung der Lenkungssteifigkeit um 22,5 % ab, wodurch sich der Kennwert mit 0,297 Nm/° sehr nahe an den als sportlich definierten Bereich (0,30 Nm/° - 0,35 Nm/°) verschiebt. Die vollständigen Kennwerte werden in Tabelle 6.4 dargestellt. Es bestätigt sich, dass für beide Fälle, mit und ohne Hilfskraftunterstützung, der Kennwert Lenkungssteifigkeit auch quantitativ gut geeignet ist, um die Lenkungsübersetzung bzw. die Steifigkeit der Lenkung zu beschreiben. Ein weiterer Kennwert aus dem ersten Diagramm, das Lenkradmomententotband, reduziert sich durch die Änderung der Lenkübersetzung um 24,0 %. Diese Änderung war beim Fall ohne Hilfskraftunterstützung tendenziell ebenfalls vorhanden, jedoch nicht so stark ausgeprägt.

Auch im Diagramm (b) der Abbildung 6.4, Lenkradwinkel über Querbeschleunigung, ist eine Änderung der Steigung der Hysteresekurve erkennbar, da hier der Lenkradwinkel auf der Ordinatenachse aufgetragen ist, reduziert sich entsprechend die Steigung und der Kennwert Lenkungsempfindlichkeit reduziert sich um ca. 21 %.

Das Diagramm (c) der Abbildung 6.4, Lenkradmoment über Querbeschleunigung, ist durch die Parametervariation, anders als im Fall ohne Hilfskraftunterstützung, nicht beeinflusst. Wie erwähnt, ändert sich das erforderliche Lenkradmoment aufgrund der annähernd linearen Hilfskraftunterstützung fast nicht. Die abgeleiteten Kennwerte bleiben entsprechend nahezu unverändert, was im Gegensatz zum Fall ohne Hilfskraftunterstützung steht.

Auch in Diagramm (d) der Abbildung 6.4, Gierrate über Lenkradwinkel, ergibt sich durch die geänderte Lenkübersetzung eine andere Steigung und das Lenkungsansprechen erhöht sich um 20 % auf 0,305 (°/s)/°, wodurch sich der Kennwert nun oberhalb des als sportlich definierten Bereichs (0,22 (°/s)/° − 0,28 (°/s)/°) befindet. Die Auswirkung der Parametervariation auf die Kennwerte ist in Tabelle 6.4 dargestellt.

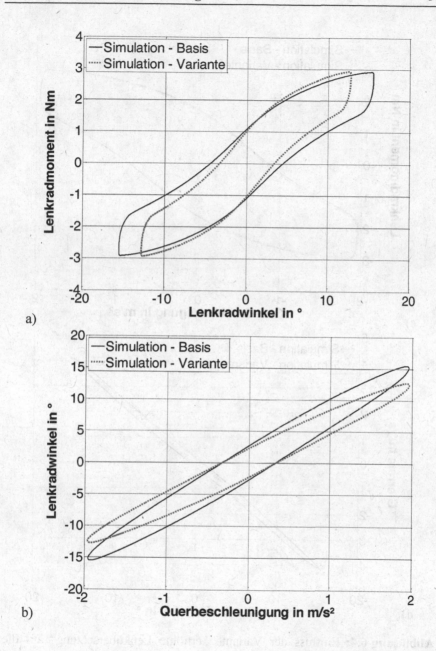

a)

b)

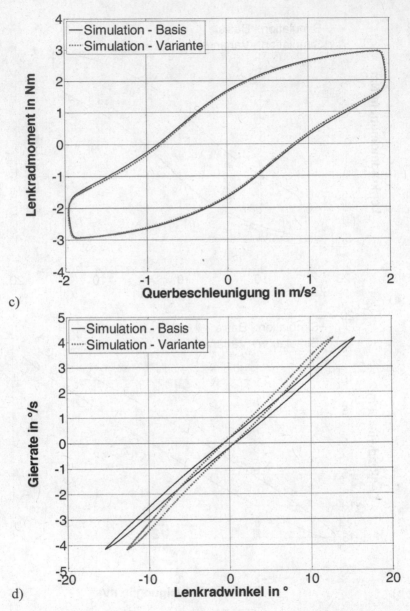

c)

d)

Abbildung 6.4: Einfluss der Variante „erhöhte Lenkübersetzung" auf die
Hysteresediagramme im Fall mit Hilfskraftunterstützung

Tabelle 6.4: Kennwerte der Hysteresediagramme für die Sensitivitätsanalyse der Lenkübersetzung im Fall mit Hilfskraftunterstützung

Kennwert	Simulation - Basis	Simulation - Variante	Abweichung
Lenkungssteifigkeit in Nm/°	0,243	0,297	22,5 %
Lenkungsreibung in Nm	2,19	2,07	-5,6 %
Lenkradmomententotband in °	8,93	6,75	-24,4 %
Lenkungsempfindlichkeit in (m/s²)/°	0,121	0,146	20,8 %
Lenkradmomentgradient bei 0 m/s² in Nm/(m/s²)	1,50	1,52	0,9 %
Lenkradmomentgradient bei 1 m/s² in Nm/(m/s²)	0,581	0,605	4,2 %
Lenkradmoment bei 0 m/s² in Nm	1,67	1,63	-2,5 %
Lenkradmoment bei 1 m/s² in Nm	2,64	2,61	-1,0 %
Querbeschleunigung bei 0 Nm in m/s²	0,858	0,820	-4,4 %
Lenkungsansprechen in (°/s)/°	0,254	0,305	20,0 %
Steifigkeit Quotient Amplitude Gierrate Lenkradwinkel in (°/s)/°	0,269	0,328	22,0 %

6.3   Variation der Reibung

Als nächster Parameter wird die Reibung der Lenkung variiert. Der größte Teil der Gesamtreibung im Lenksystem resultiert aus dem Lenkgetriebe, weshalb hier nur die Reibung der Zahnstange betrachtet wird, die Reibung der Lenksäule wird nicht variiert. Es werden die beiden Parameter für Haft- und Gleitreibung der Zahnstange um 25 % erhöht. Die Diagramme der Abbildung 6.5 zeigen die Variation der Reibung der Zahnstange für den Fall ohne Hilfskraftunterstützung.

In allen vier Diagrammen wirkt sich die Anhebung der Reibung erwartungs- gemäß durch eine symmetrische Aufweitung der Hysteresekurven aus. Ta- belle 6.5 zeigt die Auswirkung der Reibungsvariation auf die Kennwerte.

Die Reibungserhöhung um 25 % spiegelt sich in den Kennwerten Lenkungs- reibung und Lenkradmomententotband jeweils quantitativ in einer Erhöhung um 19,2 % wider. Der Kennwert Lenkradmoment bei 0 m/s² sowie die Quer- beschleunigung bei 0 Nm erfahren eine Erhöhung um 16,0 %. Das Lenkrad- moment bei 1 m/s² erhöht sich um 6,7 %. Durch die symmetrische Auf- weitung der Hysteresekurven ändern sich die Kennwerte, die auf der Stei- gung der Hysteresekurven beruhen, nicht.

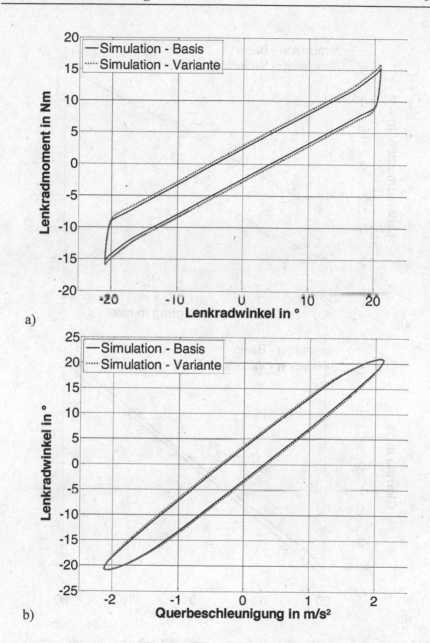

a)

b)

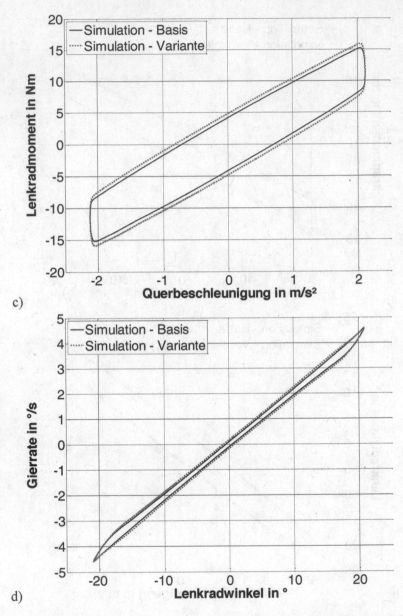

c)

d)

Abbildung 6.5: Einfluss der Variante „erhöhte Lenkgetriebereibung" auf die Hysteresediagramme im Fall ohne Hilfskraftunterstützung

Tabelle 6.5: Kennwerte der Hysteresediagramme für die Sensitivitätsanalyse der Zahnstangenreibung im Fall ohne Hilfskraftunterstützung

Kennwert	Simulation - Basis	Simulation - Variante	Abweichung
Lenkungssteifigkeit in Nm/°	0,564	0,564	0,1 %
Lenkungsreibung in Nm	4,74	5,66	19,2 %
Lenkradmomententotband in °	8,39	10,00	19,2 %
Lenkungsempfindlichkeit in (m/s²)/°	0,097	0,097	0,2 %
Lenkradmomentgradient bei 0 m/s² in Nm/(m/s²)	5,74	5,73	-0,2 %
Lenkradmomentgradient bei 1 m/s² in Nm/(m/s²)	5,38	5,37	-0,1 %
Lenkradmoment bei 0 m/s² in Nm	4,16	4,83	16,0 %
Lenkradmoment bei 1 m/s² in Nm	9,74	10,39	6,7 %
Querbeschleunigung bei 0 Nm in m/s²	0,712	0,825	16,0 %
Lenkungsansprechen in (°/s)/°	0,206	0,206	-0,1 %
Steifigkeit Quotient Amplitude Gierrate Lenkradwinkel in (°/s)/°	0,219	0,219	0,1 %

Im Folgenden wird in Abbildung 6.6 und Tabelle 6.6 die Reibungsvariation am Modell mit Hilfskraftunterstützung analysiert. Auch hier werden die Parameter für Haft- und Gleitreibung um 25 % erhöht. Abbildung 6.6 zeigt die Hysteresediagramme.

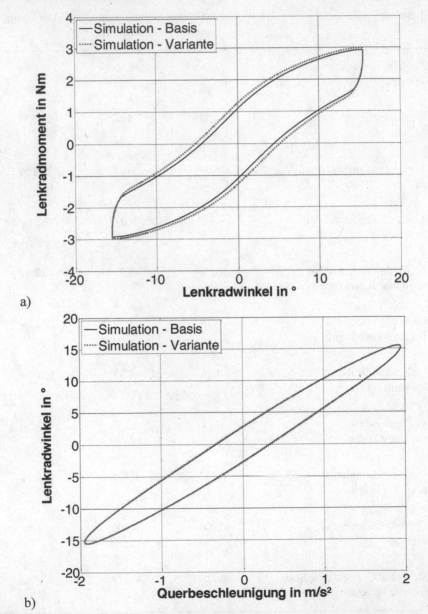

a)

b)

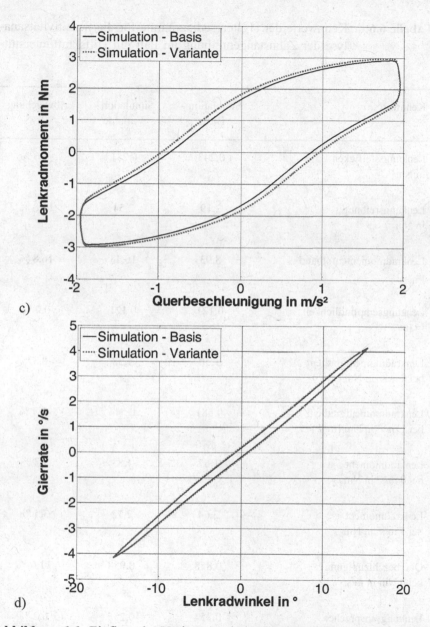

Abbildung 6.6: Einfluss der Variante „erhöhte Lenkgetriebereibung" auf die
Hysteresediagramme im Fall mit Hilfskraftunterstützung

Tabelle 6.6: Kennwerte der Hysteresediagramme für die Sensitivitätsanalyse der Zahnstangenreibung im Fall mit Hilfskraftunterstützung

Kennwert	Simulation - Basis	Simulation - Variante	Abweichung
Lenkungssteifigkeit in Nm/°	0,243	0,231	-4,6 %
Lenkungsreibung in Nm	2,19	2,54	15,8 %
Lenkradmomententotband in °	8,93	10,43	16,8 %
Lenkungsempfindlichkeit in (m/s²)/°	0,121	0,121	0,0 %
Lenkradmomentgradient bei 0 m/s² in Nm/(m/s²)	1,50	1,38	-8,3 %
Lenkradmomentgradient bei 1 m/s² in Nm/(m/s²)	0,581	0,544	-6,3 %
Lenkradmoment bei 0 m/s² in Nm	1,67	1,83	9,3 %
Lenkradmoment bei 1 m/s² in Nm	2,64	2,72	3,1 %
Querbeschleunigung bei 0 Nm in m/s²	0,858	0,958	11,6 %
Lenkungsansprechen in (°/s)/°	0,254	0,255	0,2 %
Steifigkeit Quotient Amplitude Gierrate Lenkradwinkel in (°/s)/°	0,269	0,268	-0,2 %

Auch im Fall mit Hilfskraftunterstützung bewirkt die Erhöhung der Reibung eine Vergrößerung der Hysteresefläche in allen vier Diagrammen. In den Diagrammen (a) und (c) fällt diese Vergrößerung in ähnlichem Maß wie im Fall ohne Hilfskraftunterstützung aus, wohingegen in den Diagrammen (b) und (d) nur eine geringfügige Vergrößerung der Hysteresefläche auftritt.

Des Weiteren bestätigt sich, dass der Kennwert Lenkungsreibung qualitativ die Variation der Reibung im Lenksystem gut widerspiegelt. Der Anstieg fällt in diesem Fall mit 15,8 % aber nicht so stark aus wie im Fall ohne Hilfskraftunterstützung. Gleichermaßen verhält sich das Lenkradmomenten-totband, das um 16,8 % ansteigt, was ebenfalls einem geringeren Anstieg gegenüber dem Fall ohne Unterstützung entspricht. Da die Kennwerte der Basissimulation bereits oberhalb des subjektiv positiv bewerteten Bereichs lagen, rücken die Werte mit der Parametervariation nun noch weiter weg von diesem Bereich.

Auch die Kennwerte aus Diagramm (c), das Lenkradmoment bei 0 m/s² und 1 m/s² und die Querbeschleunigung bei 0 Nm, geben tendenziell den Anstieg der Reibung wieder, steigen aber ebenfalls wie die Kennwerte aus Diagramm (a) weniger stark an als im Fall ohne Hilfskraftunterstützung.

Die Kennwerte aus den Diagrammen (b) und (d), die aus der Steigung der Hysteresekurven gebildet werden, verändern ihren Wert durch die Reibungs-erhöhung wie im Fall ohne Hilfskraftunterstützung nicht. Eine Ausnahme bildet die Lenkungssteifigkeit, die hingegen um 4,6 % abnimmt, was die Lenkung näher an die Grenze zu schwammig oder gefühllos bewerteten Len-kungen rückt.

6.4   Variation der Handmomentenunterstützung

In diesem Kapitel wird mit der Handmomentenunterstützung die wesentliche Funktion der elektrischen Hilfskraftunterstützung variiert. Nachfolgende Abbildung 6.7 zeigt die Basiskennlinie sowie zwei Varianten. Die erste Variante entspricht einer stärkeren Handmomentenunterstützung. Für die zweite Variante wird ein linearer Unterstützungsverlauf über den gesamten Bereich angenommen.

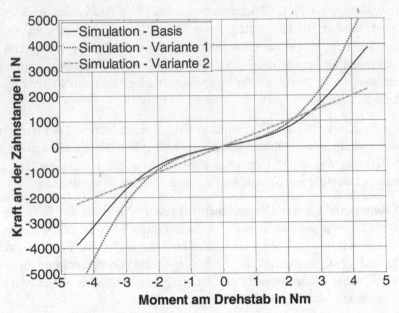

Abbildung 6.7: Kennlinie für die Sensitivitätsanalyse der Handmomenten-unterstützung

Die nachfolgenden Diagramme der Abbildung 6.8 zeigen zunächst die Auswirkung von Variante 1 der Unterstützungskennlinie auf die Hysteresekurven. In Tabelle 6.7 sind die Kennwerte für diese Variante dargestellt.

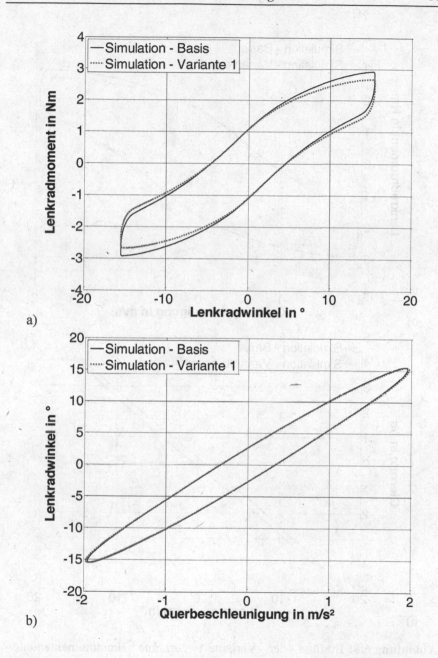

a)

b)

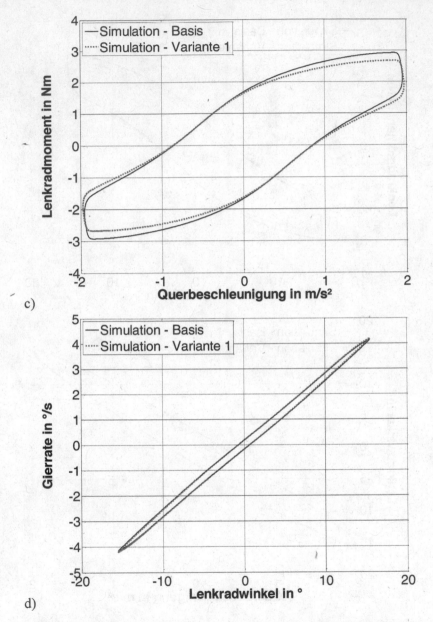

c)

d)

Abbildung 6.8: Einfluss der Variante 1 „erhöhte Handmomentenunterstützung" auf die Hysteresediagramme im Fall mit Hilfskraftunterstützung

Tabelle 6.7: Kennwerte der Hysteresediagramme für die Sensitivitätsanalyse erhöhter Handmomentenunterstützung

Kennwert	Simulation - Basis	Simulation - Variante	Abweichung
Lenkungssteifigkeit in Nm/°	0,243	0,236	-2,9 %
Lenkungsreibung in Nm	2,19	2,18	-0,5 %
Lenkradmomententotband in °	8,93	9,00	0,8 %
Lenkungsempfindlichkeit in (m/s²)/°	0,121	0,121	0,6 %
Lenkradmomentgradient bei 0 m/s² in Nm/(m/s²)	1,50	1,35	-10,2 %
Lenkradmomentgradient bei 1 m/s² in Nm/(m/s²)	0,581	0,481	-17,2 %
Lenkradmoment bei 0 m/s² in Nm	1,67	1,63	-2,7 %
Lenkradmoment bei 1 m/s² in Nm	2,64	2,46	-6,9 %
Querbeschleunigung bei 0 Nm in m/s²	0,858	0,866	0,9 %
Lenkungsansprechen in (°/s)/°	0,254	0,255	0,2 %
Steifigkeit Quotient Amplitude Gierrate Lenkradwinkel in (°/s)/°	0,269	0,271	1,0 %

Erwartungsgemäß fällt mit höherer Unterstützungskraft das erforderliche Lenkradmoment für das Manöver in den Diagrammen (a) und (c) geringer aus. In den Diagrammen (b) und (d) ist die Änderung gering. Lediglich in den Umkehrbereichen des Lenkradwinkels zeigt sich ein leicht geänderter Verlauf. Im Wesentlichen sind durch die Erhöhung der Handmomentenunterstützung die Kennwerte Lenkradmomentgradient bei 0 m/s² und bei 1 m/s² beeinflusst. Diese Gradienten fallen entsprechend der höheren Unterstützung geringer aus. Auch das Lenkradmoment bei 0 m/s² fällt durch die stärkere Unterstützung geringer aus.

Nachfolgend sind in Abbildung 6.9 die Hysteresediagramme für die Variante 2 lineare Handmomentenunterstützung dargestellt. Tabelle 6.8 zeigt die zugehörigen Kennwerte.

Aus dieser Variante wird deutlich, dass die ausgeprägte, charakteristische „S-Form" in den Diagrammen (a) und (c) (Lenkradmoment über Lenkradwinkel und Lenkradmoment über Querbeschleunigung) aus der exponentiellen Form der Handmomentenunterstützungskurve resultiert. Diese entspricht auch der typischen Form bei hydraulischer Lenkunterstützung.

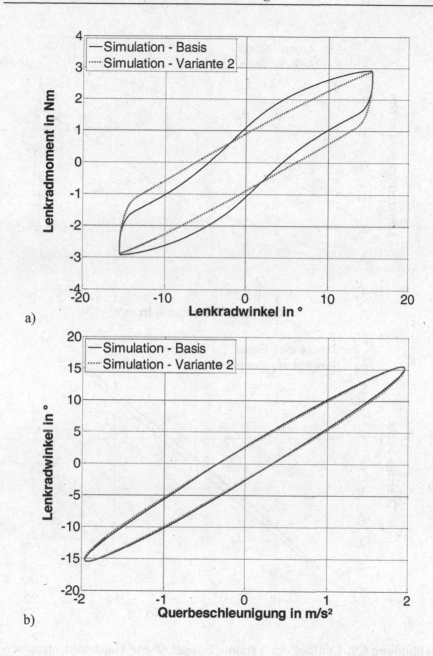

a)

b)

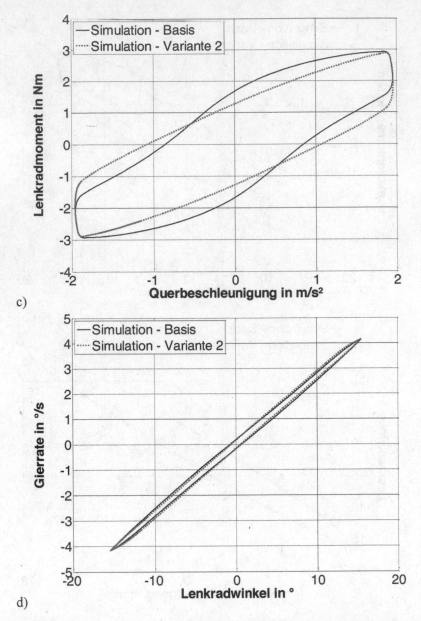

c)

d)

Abbildung 6.9: Einfluss der Variante 2 „linearisierte Handmomentenunterstützung" auf die Hysteresediagramme im Fall mit Hilfskraftunterstützung

Tabelle 6.8: Kennwerte der Hysteresediagramme für die Sensitivitäts-analyse linearer Handmomentenunterstützung

Kennwert	Simulation - Basis	Simulation - Variante	Abweichung
Lenkungssteifigkeit in Nm/°	0,243	0,150	-38,2 %
Lenkungsreibung in Nm	2,19	1,80	-17,9 %
Lenkradmomententotband in °	8,93	12,15	36,1 %
Lenkungsempfindlichkeit in (m/s²)/°	0,121	0,127	5,0 %
Lenkradmomentgradient bei 0 m/s² in Nm/(m/s²)	1,50	1,09	-27,7 %
Lenkradmomentgradient bei 1 m/s² in Nm/(m/s²)	0,581	0,882	51,9 %
Lenkradmoment bei 0 m/s² in Nm	1,67	1,28	-23,8 %
Lenkradmoment bei 1 m/s² in Nm	2,64	2,26	-14,3 %
Querbeschleunigung bei 0 Nm in m/s²	0,858	1,080	25,8 %
Lenkungsansprechen in (°/s)/°	0,254	0,272	6,8 %
Steifigkeit Quotient Amplitude Gierrate Lenkradwinkel in (°/s)/°	0,269	0,268	0,0 %

Durch die Anpassung der Kennlinie der Handmomentenunterstützung auf
eine linearisierte Variante, ändern sich die Kennwerte signifikant (siehe
Tabelle 6.8). Wie auch im Fall zuvor mit erhöhter Handmomentenunterstützung wirkt sich die Änderung am stärksten auf die Kennwerte aus den
Diagrammen (a) und (c) aus. So reduziert sich der Wert für die Lenkungssteifigkeit um 38,5 % auf 0,150 Nm/° und fällt somit aus dem positiv bewerteten Bereich heraus. Die große Änderung des Kennwerts resultiert aus der
flacheren Steigung im mittleren Bereich der Hysteresekurve, jedoch ist der
Maximalwert des Lenkradmoments bei diesem Manöver identisch. Aufgrund
dieser großen Änderung, im speziellen der grundlegenden Form der Unter-
stützungskurve, stellt sich die Frage, ob die Beschreibung der Auswirkung
auf das subjektive Empfinden anhand der Kennwerte hier noch gültig ist. In
jedem Fall ist der mittlere Bereich der Handmomentenunterstützungskurve
entscheidend für die Kennwerte Lenkungssteifigkeit und Lenkradmomentgradient.

6.5   Variation des aktiven Rücklaufs

In diesem Kapitel wird der Einfluss der zweiten Funktion der elektrischen
Hilfskraftunterstützung, dem aktiven Rücklauf, untersucht. Als Basis dient,
wie in den vorhergehenden Abschnitten, das Modell mit aktivem Rücklauf,
das nun gegen die Variante ohne aktiven Rücklauf verglichen wird. In
Abbildung 6.10 ist der Vergleich anhand der Hysteresediagramme
dargestellt. Tabelle 6.9 zeigt die sich ergebenden Kennwerte.

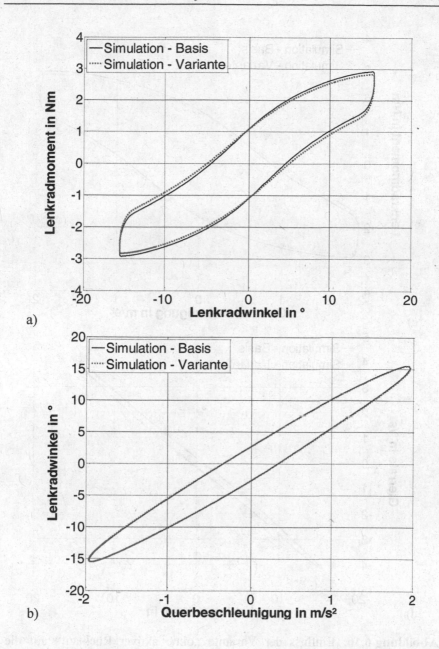

a)

b)

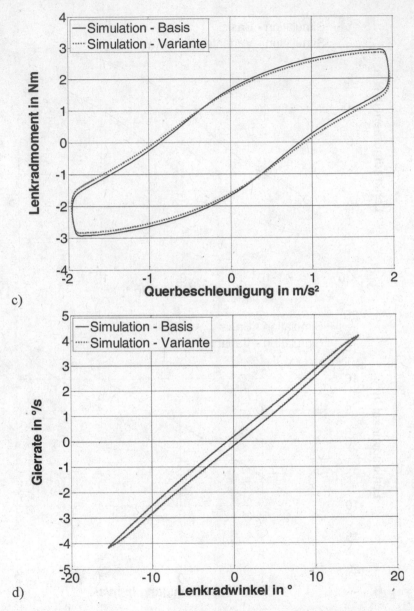

c)

d)

Abbildung 6.10: Einfluss der Variante „ohne aktiver Rücklauf" auf die Hysteresediagramme im Fall mit Hilfskraftunterstützung

Tabelle 6.9: Kennwerte der Hysteresediagramme für die Sensitivitätsanalyse des aktiven Rücklaufs

Kennwert	Simulation - Basis	Simulation - Variante	Abweichung
Lenkungssteifigkeit in Nm/°	0,243	0,213	-12,2 %
Lenkungsreibung in Nm	2,19	2,18	-0,6 %
Lenkradmomententotband in °	8,93	9,81	9,9 %
Lenkungsempfindlichkeit in (m/s²)/°	0,121	0,122	1,1 %
Lenkradmomentgradient bei 0 m/s² in Nm/(m/s²)	1,50	1,39	-7,3 %
Lenkradmomentgradient bei 1 m/s² in Nm/(m/s²)	0,581	0,580	-0,1 %
Lenkradmoment bei 0 m/s² in Nm	1,67	1,61	-3,6 %
Lenkradmoment bei 1 m/s² in Nm	2,64	2,55	-3,5 %
Querbeschleunigung bei 0 Nm in m/s²	0,858	0,919	7,1 %
Lenkungsansprechen in (°/s)/°	0,254	0,259	1,6 %
Steifigkeit Quotient Amplitude Gierrate Lenkradwinkel in (°/s)/°	0,269	0,269	0,3 %

Der Effekt des aktiven Rücklaufs ist in den Diagrammen (a) und (c) der Abbildung 6.10 ersichtlich. In den beiden anderen Diagrammen ist der Effekt sehr gering. Die grundlegende Eigenschaft der erweiterten Lenkfunktion aktiver Rücklauf ist es, die Rückstellung der Lenkung in die Geradeausposition zu unterstützen [36]. Hierdurch steigt das Lenkradmoment beim betrachteten Manöver bei der Auslenkung aus der Geradeausposition im Vergleich zur Variante ohne aktiven Rücklauf an, der Fahrer arbeitet gegen die Rücklauf-Funktion. Die Diagramme (a) und (c) weisen somit durch den aktiven Rücklauf bei positiven Lenkradwinkeln höhere Lenkradmomente und bei negativen Lenkradwinkeln kleinere Lenkradmomente auf. Durch den stetigen Übergang der beiden Bereiche ist auch die Steigung bei einem Lenkradwinkel von 0° beeinflusst, was in den Kennwerten Lenkungssteifigkeit und Lenkradmomentgradient in Tabelle 6.9 ersichtlich wird.

Ohne den aktiven Rücklauf nimmt der Kennwert Lenkungssteifigkeit um 12,2 % ab. Somit liegt der Wert mit 0,213 Nm/° nicht mehr im positiv bewerteten Bereich, sondern im als schwammig und gefühllos bezeichneten Bereich ($< 0{,}22$ Nm/°). Das Lenkradmomententotband nimmt um 9,9 % zu, wodurch sich der Kennwert ebenfalls weg vom positiv bewerteten Bereich verschiebt. Dieser Wert wird in der Literatur auch mit dem Rücklaufverhalten assoziiert, was durch dieses Ergebnis bestätigt werden kann.

Der Kennwert Lenkradmomentgradient bei 0 m/s² sinkt im Fall ohne aktiven Rücklauf um 7,3 %, da der Fahrer nicht mehr gegen die aktive Rücklauffunktion anlenken muss. Durch die sich daraus ergebende flachere Form der Hysteresekurve wird der Kennwert Querbeschleunigung bei 0 Nm um 7,1 % erhöht. Auf die restlichen betrachteten Kennwerte hat die Funktion aktiver Rücklauf nahezu keinen Einfluss.

7 Schlussfolgerung und Ausblick

Anhand der in der vorliegenden Arbeit durchgeführten Sensitivitätsanalyse werden Einflussmöglichkeiten aufgezeigt, das Lenkungsverhalten im On-Center Bereich zu beeinflussen. So wirken sich beispielsweise klassische konstruktive Lenkungs- und Fahrzeugparameter wie die Lenkübersetzung oder die Achssteifigkeit auf die Kennwerte Lenkungssteifigkeit, Lenkradmomententotband, Lenkungsempfindlichkeit und Lenkungsansprechen aus. Das Potential von elektrisch unterstützten Lenksystemen liegt u.a. darin, weitere Einflussmöglichkeiten auf die Lenkungseigenschaften zu bieten. Eine Variation der Handmomentenunterstützung beeinflusst die Kennwerte Lenkradmomentgradient und Lenkradmoment bei 0 m/s² und bei 1 m/s². Durch die Funktion aktiver Rücklauf kann ebenfalls Einfluss auf die Kennwerte Lenkradmomentgradient, Lenkradmomententoband und darüber hinaus auch auf den Kennwert Lenkradmomentgradient genommen werden.

Wie exemplarisch aufgezeigt wurde, lässt sich mit einer Parametervariation die subjektive Wahrnehmung des Fahrzeugs z. B. hinsichtlich Sportlichkeit oder Komfort beeinflussen. Somit erweitern sich die Abstimmungsmöglichkeiten für elektrisch unterstützte Lenksysteme im Vergleich zu hydraulisch unterstützten Systemen und lassen eine weitergehende Individualisierung zu.

Um gefundene Abweichungen zwischen Komponentenprüfstands- und Gesamtfahrzeugmessungen weitergehend zu analysieren, sollte in künftigen Untersuchungen das Lenksystem auf einem Prüfstand untersucht werden, der auch das Schwingungsverhalten des Fahrzeugs nachbildet. Ein solcher Prüfstand befindet sich am IVK der Universität Stuttgart gerade im Aufbau, stand jedoch für die Messungen für diese Arbeit noch nicht zur Verfügung.

Des Weiteren kann Ziel weiterführender Arbeiten sein, das erstellte Modell in einem Fahrsimulator mit Probanden zum Einsatz zu bringen, um die subjektive Bewertung der Änderung der Parameter genauer zu untersuchen.

© Springer Fachmedien Wiesbaden GmbH, ein Teil von Springer Nature 2020
A. Singer, *Analyse des Einflusses elektrisch unterstützter Lenksysteme auf das Fahrverhalten im On-Center Handling Bereich moderner Kraftfahrzeuge*, Wissenschaftliche Reihe Fahrzeugtechnik Universität Stuttgart, https://doi.org/10.1007/978-3-658-29605-6_7

Literaturverzeichnis

[1] Ammon, D.: Modellbildung und Systementwicklung in der Fahrzeugdynamik. Teubner, 1997.

[2] Bachman, T., Bielaczek, C., Breuer, B.: Der Reibwert zwischen Reifen und Fahrbahn und dessen Inanspruchnahme durch den Fahrer. Automobiltechnische Zeitschrift 97, Nr. 10, 1995.

[3] Barthenheier, Thomas: Potential einer fahrertyp- und fahrsituationabhängigen Lenkradmomentgestaltung. Dissertation, Technische Universität Darmstadt, 2004.

[4] Böhm, F.: Zur Mechanik des Luftreifens. Habilitation, Universität Stuttgart, 1966.

[5] Canudas de Wit, C., Olsson, H., Aström, K. J., Lischinsky, P.: A new model for control of systems with friction. IEEE Trancsactions on Automatic control, Vol. 40, No. 3, 1995.

[6] Dahl, P. R.: A Solid Friction Model. Technical Report TOR-0158(3107-18), The Aerospace Corporation, El Segundo, CA, 1968.

[7] Data, S., Pesce, M., Reccia, L.: Identification of steering system parameters by experimental measurements processing. Proceedings of the Institution of Mechanical Engineers, Part D: Journal of Automobile Engineering, 2004.

[8] Dettki, F.: Methoden zur objektiven Bewertung des Geradeauslaufs von Personenkraftwagen. Dissertation, Universität Stuttgart, 2005.

[9] Farrer, D. G.: An Objective Measurement Technique for the Quantification of On-Center Handling Quality. SAE Paper 930827, 1993.

[10] Harrer, M.: Characterisation of Steering Feel. Dissertation, University of Bath, 2007.

[11] Harrer, M., Stickel, T., Pfeffer, P.: Automation of Vehicle Dynamics Measurements. VDI-Berichte Nr. 1912, 2005.

© Springer Fachmedien Wiesbaden GmbH, ein Teil von Springer Nature 2020
A. Singer, *Analyse des Einflusses elektrisch unterstützter Lenksysteme auf das Fahrverhalten im On-Center Handling Bereich moderner Kraftfahrzeuge*, Wissenschaftliche Reihe Fahrzeugtechnik Universität Stuttgart,
https://doi.org/10.1007/978-3-658-29605-6

[12]   Heißing, B., Brandl, H. J.: Subjektive Beurteilung des Fahr-
        verhaltens. Vogel, 2002

[13]   Higuchi, A., Sakai, H.: Objektive Evaluation Method of On-Center
        Handling Characteristics. SAE Paper 2001-01-0481.

[14]   Huneke, M.: Fahrverhaltensbewertung mit anwendungsspezifischen
        Fahrdynamikmodellen.   Dissertation,   Technische   Universität
        Braunschweig, 2012.

[15]   Jang, B., Karnopp, D.: Simulation of Vehicle and Power Steering
        Dynamics Using Tire Model Parameters Matched to Whole Vehicle
        Experimental Results. Vehicle System Dynamics, Volume 33, Issue
        2, 2000.

[16]   Kobetz, C.: Modellbasierte Fahrdynamikanalyse durch ein an Fahr-
        manövern parameteridentifiziertes querdynamisches Simulations-
        modell. Dissertation, TU Wien, 2003.

[17]   König, L.: Ein virtueller Testfahrer für den querdynamischen
        Grenzbereich. Dissertation, Universität Stuttgart, 2009.

[18]   Krantz, W.: An Advanced Approach for Predicting and Assessing
        the Driver's Response to Natural Crosswind. Dissertation,
        Universität Stuttgart, 2012.

[19]   Laws, S., Gadda, C., Gerdes, C.: Frequency Characteristics of
        Vehicle Handling: Modeling and Experimental Validation of Yaw,
        Sideslip, and Roll Modes to 8 Hz. The 8th International Symposium
        on Advanced Vehicle Control, Taipei, Taiwan, 2006.

[20]   Lunze, J.: Regelungstechnik 1, Springer Verlag, 8. Auflage, 2010.

[21]   Minakawa, M., Higuchi, M.: A theoretical study of roll behavior and
        it's influence on transient handling. 11. Aachener Kolloquium für
        Fahrzeug- und Motorentechnik, fka Aachen, 2002.

[22]   Mitschke,M.: Dynamik der Kraftfahrzeuge, Band C: Fahrverhalten,
        2. Auflage, Springer, 1990.

[23] Neureder, U.: Untersuchung zur Übertragung von Radkraft-schwankungen auf die Lenkung von Pkw mit Federbeinvorderachse und Zahnstangenlenkung. Fortschritt-Berichte VDI, Nr. 518, 2002.

[33] Norman, K. D.: Objective Evaluation of On-Center Handling Performance. SAE Paper 840069, 1984.

[34] Nüssle, M.: Ermittlung von Reifeneigenschaften im realen Fahr-betrieb. Dissertation, Karlsruhe, 2002.

[35] Pacejka, H. B.: Tire and Vehicle Dynamics. 2. Auflage, Butterworth-Heinemann, 2006.

[36] Pfeffer, P., Harrer, M.: Lenkungshandbuch: Lenksysteme, Lenkgefühl, Fahrdynamik von Kraftfahrzeugen. Vieweg + Teubner, 2011.

[37] Pfeffer, P.: Interaction of Vehicle and Steering System Regarding On-Centre Handling. Ph. D. Thesis, University of Bath, 2006.

[38] Pfeffer, P.: Modellierung des Lenkmoments. 15. Aachener Kolloquium für Fahrzeug- und Motorentechnik, fka Aachen, 2006.

[39] Randall, R. B.: Frequency Analysis. 3. Auflage, Brüel & Kjær, 1987.

[40] Riekert, P., Schunck, T.: Zur Fahrmechanik des gummibereiften Kraftfahrzeugs. Ingenieur Archiv, Volume 11, Number 3, 1940.

[41] Rill, G.: First Order Tire Dynamics. III. European Conference on Computational Mechanics Solids, Structures and Coupled Problems in Engineering, Lisbon, Portugal, 2006.

[42] Salaani, M. K., Heydinger, G. J., Grygier, P. A.: Vehicle On-Center Directional and Steering Sensitivity. SAE Paper 2005-01-0395.

[43] Sato, H., Osawa, H., Haraguchi, T.: The Quantitative Analysis of Steering Feel. JSAE Review Vol. 12, No. 2, 1991.

[44] Schimmel, C.: Entwicklung eines fahrerbasierten Werkzeugs zur Objektivierung subjektiver Fahreindrücke. Dissertation, Technische Universität München, 2010.

[45] Schlippe, B. v., Dietrich, R: Zur Mechanik des Luftreifens bei periodischer Felgenquerbewegung. Zentrale für wissenschaftliches Berichtswesen der Luftfahrtforschung, Berlin, 1942.

[46] Segel, L.: Theoretical Prediction and Experimental Substantiation of the Response of the Automobile to Steering Control. Proceedings of the Institution of Mechanical Engineers: Automobile Division 1956 10, 1956.

[47] Stribeck, R.: Die wesentlichen Eigenschaften der Gleit- und Rollenlager. Zeitschrift des Vereins deutscher Ingenieure, 46, 1902.

[48] Ueda, E., Inoue, E., Sakai, Y., Hasegawa, M., Takai, H., Kimoto, S.: The Development of Detailed Steering Model for On-Center Handling Simulation. JSAE 20024586.

[49] Vietinghoff, A. v.: Nichtlineare Regelung von Kraftfahrzeugen in querdynamisch kritischen Fahrsituationen. Dissertation, Universität Karlsruhe, 2008.

[50] Wallentowitz, H., Freialdenhoven, A., Olschewski, I.: Strategien in der Automobilindustrie. Vieweg + Teubner, 2009.

[51] Wohnhaas, A. T.: Simulation von Kraftfahrzeug-Lenkungen unter besonderer Berücksichtigung von Reibung und Spiel. Dissertation, Universität Stuttgart, 1994.

[52] Zschocke, A. K.: Ein Beitrag zur objektiven und subjektiven Evaluierung des Lenkkomforts von Kraftfahrzeugen. Dissertation, Universität Karlsruhe, 2009.

[53] DIN ISO 13674-1: Road Vehicles-Test method for the quantification of on centre handling – Part1: The Weave Test.

[54] DIN ISO 7401: Testverfahren für querdynamisches Übertragungsverhalten.

[55] 40 Jahre Golf. Volkswagen Presseinformation, Wolfburg, 27.03.2014. abgerufen am 23.11.2018 unter: https://www.volkswagen-newsroom.com/de/40-jahre-golf-2666

Anhang

A1.   Anhang 1

Im Folgenden sind die Diagramme des Frequenzgangs Zahnstangenweg auf Gierrate der Messgeschwindigkeiten 130 km/h und 160 km/h dargestellt.

© Springer Fachmedien Wiesbaden GmbH, ein Teil von Springer Nature 2020
A. Singer, *Analyse des Einflusses elektrisch unterstützter Lenksysteme auf das Fahrverhalten im On-Center Handling Bereich moderner Kraftfahrzeuge*, Wissenschaftliche Reihe Fahrzeugtechnik Universität Stuttgart, https://doi.org/10.1007/978-3-658-29605-6

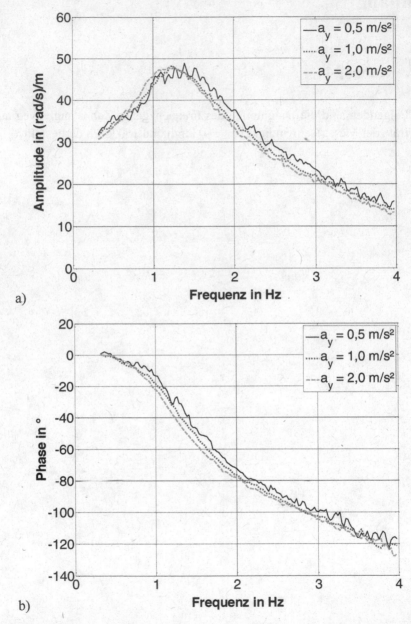

a)

b)

Abbildung A.1: Amplitude (a) und Phasenwinkel (b) des Frequenzgangs Zahnstangenweg auf Gierrate bei Messgeschwindigkeit 130 km/h

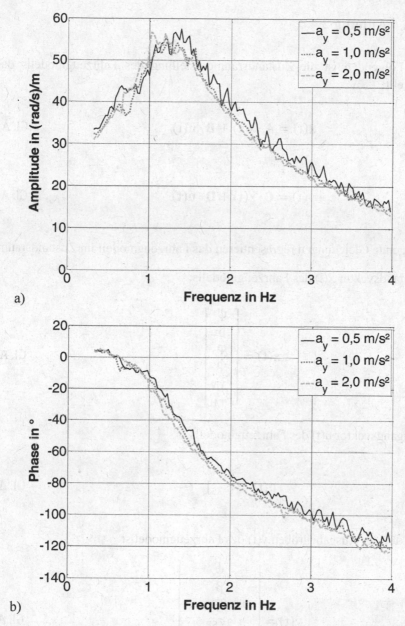

Abbildung A.2: Amplitude (a) und Phasenwinkel (b) des Frequenzgangs Zahnstangenweg auf Gierrate bei Messgeschwindigkeit 160 km/h

A2.   Anhang 2

Im Folgenden ist die Zustandsraumdarstellung des Fahrzeugmodells dargestellt:

$$\dot{x}(t) = \mathbf{A} \cdot x(t) + \mathbf{B} \cdot u(t) \qquad\qquad \text{Gl. A.1}$$

$$y(t) = \mathbf{C} \cdot x(t) + \mathbf{D} \cdot u(t) \qquad\qquad \text{Gl. A.2}$$

Folgende Gleichungen repräsentieren das Fahrzeugmodell im Zustandsraum.

Zustandsvektor x(t) des Fahrzeugmodells:

$$x(t) = \begin{bmatrix} \dot{\psi} \\ \beta \\ \varphi \\ \dot{\varphi} \\ F_{Y,V} \\ F_{Y,H} \end{bmatrix} \qquad\qquad \text{Gl. A.3}$$

Eingangsvektor u(t) des Fahrzeugmodells:

$$u(t) = [s_{ZS}] \qquad\qquad \text{Gl. A.4}$$

Vektor der Ausgabegrößen y(t) des Fahrzeugmodells:

$$y(t) = \begin{bmatrix} \dot{\psi} \\ \beta \\ \beta_H \\ a_{Y,SP} \\ \varphi \\ \dot{\varphi} \\ F_{Y,Zahnstange} \end{bmatrix} \qquad\qquad \text{Gl. A.5}$$

Systemmatrix **A** des Fahrzeugmodells:

$$
\mathbf{A} =
\begin{bmatrix}
0 & 0 & 0 & 0 & \dfrac{l_V}{I_{ZZ}} & \dfrac{l_H}{I_{ZZ}} \\[2ex]
-1 & 0 & 0 & 0 & \dfrac{1}{m\cdot v} & -\dfrac{1}{m\cdot v} \\[2ex]
0 & 0 & 0 & 1 & 0 & 0 \\[2ex]
0 & 0 & -\dfrac{c_R}{I_{XX}} & -\dfrac{d_R}{I_{XX}} & \dfrac{(h-h_{RZ,V})}{I_{XX}} & \dfrac{(h-h_{RZ,H})}{I_{XX}} \\[2ex]
-\dfrac{l_V\cdot c_{\alpha,V}}{\sigma_{\alpha,V}} & -\dfrac{c_{\alpha,V}\cdot v}{\sigma_{\alpha,V}} & \dfrac{k_{RS,V}\cdot c_{\alpha,V}\cdot v}{\sigma_{\alpha,V}} & \left(k_{RCS,V}-\dfrac{(h_{RZ,V}-h)}{v}\right)\cdot\dfrac{c_{\alpha,V}\cdot v}{\sigma_{\alpha,V}} & -\dfrac{v}{\sigma_{\alpha,V}} & 0 \\[3ex]
\dfrac{l_H\cdot c_{\alpha,H}}{\sigma_{\alpha,H}} & -\dfrac{c_{\alpha,H}\cdot v}{\sigma_{\alpha,H}} & \dfrac{k_{RS,H}\cdot c_{\alpha,H}\cdot v}{\sigma_{\alpha,H}} & \left(k_{RGS,H}-\dfrac{(h_{RZ,H}-h)}{v}\right)\cdot\dfrac{c_{\alpha,H}\cdot v}{\sigma_{\alpha,H}} & 0 & -\dfrac{v}{\sigma_{\alpha,H}}
\end{bmatrix}
\qquad \text{Gl. A.6}
$$

Eingangsmatrix **B** des Fahrzeugmodells:

$$\mathbf{B} = \begin{bmatrix} 0 \\ 0 \\ 0 \\ 0 \\ \dfrac{i_{Lenk,kin} \cdot c_{\alpha,V} \cdot v}{\sigma_{\alpha,V}} \\ 0 \end{bmatrix}$$

Gl. A.7

Ausgangsmatrix **C** des Fahrzeugmodells:

$$\mathbf{C} = \begin{bmatrix} 1 & 0 & 0 & 0 & 0 & 0 \\ 0 & 1 & 0 & 0 & 0 & 0 \\ -\dfrac{l_H}{v} & 1 & \dfrac{(h - h_{RZ,H})}{v} & 0 & 0 & 0 \\ 0 & 0 & 0 & 0 & \dfrac{1}{m} & \dfrac{1}{m} \\ 0 & 0 & 1 & 0 & 0 & 0 \\ 0 & 0 & 0 & 1 & 0 & 0 \\ 0 & 0 & 0 & 0 & k_{F,Y} & 0 \end{bmatrix}$$

Gl. A.8

Durchgangsmatrix **D** des Fahrzeugmodells:

$$\mathbf{D} = \begin{bmatrix} 0 \\ 0 \\ 0 \\ 0 \\ 0 \\ 0 \end{bmatrix}$$

Gl. A.9

Tabelle A.1: Parameter des erweiterten Einspurmodells

Parameter	Symbol	Einheit
Masse des Fahrzeugs	m	kg
Abstand Schwerpunkt zur Vorderachse	l_V	m
Abstand Schwerpunkt zur Hinterachse	l_H	m
Vorderachssteifigkeit	$c_{\alpha, V}$	N/rad
Hinterachssteifigkeit	$c_{\alpha, H}$	N/rad
Gierträgheitsmoment	I_{ZZ}	kgm²
Lenkübersetzung	$i_{Lenk, kin}$	rad/m
Höhe des Schwerpunkts	h	m
Rollträgheitsmoment	I_{XX}	kgm²
Rollsteifigkeit	c_r	Nm/rad
Rolldämpfung	d_r	Nm/(rad/s)
Vorderachsrollzentrumshöhe	$h_{RZ, V}$	m
Hinterachsrollzentrumshöhe	$h_{RZ, H}$	m
Rollsteuerkoeffizient, Vorderachse	$k_{RS, V}$	rad/rad

Parameter	Symbol	Einheit
Rollsteuerkoeffizient Hinterachse	$k_{RS,H}$	rad/rad
Rollgeschwindigkeitssteuerkoeffizient, Vorderachse	$k_{RGS,V}$	rad/(rad/s)
Rollgeschwindigkeitssteuerkoeffizient, Hinterachse	$k_{RGS,H}$	rad/(rad/s)
Einlauflänge Vorderachse	$\sigma_{\alpha V}$	m
Einlauflänge Hinterachse	$\sigma_{\alpha H}$	m
Faktor Vorderachsseitenkraft	$k_{F,Y}$	m/m

Tabelle A.2: Parameter des Lenkungsmodells

Parameter	Symbol	Einheit
Wälzkreisradius des Ritzels	r	m
Masse der Zahnstange	m_{ZS}	kg
Trägheit der Lenksäule	I_{LS}	kgm²
Steifigkeit des Drehstabs im mittleren Bereich	$c_{TB,1}$	Nm/rad
Steifigkeit des Drehstabs im äußeren Bereich	$c_{TB,2}$	Nm/rad
Winkel für Beginn des Übergangsbereichs der Drehstabsteifigkeit	$\varphi c_{TB,1}$	rad
Winkel für Ende des Übergangsbereichs der Drehstabsteifigkeit	$\varphi c_{TB,2}$	rad
Dämpfung des Drehstabs	d_{TB}	Nm/(rad/s)
Steifigkeit der Reibung der Lenksäule	$\sigma_{0,LS}$	N/m
Dämpfungskoeffizient der Reibung der Lenksäule	$\sigma_{1,LS}$	Ns/m
Koeffizient für viskose Reibung der Lenksäule	$\sigma_{2,LS}$	Ns/m
Haftreibkraft der Lenksäule	$F_{S,LS}$	N
Gleitreibkraft der Lenksäule	$F_{C,LS}$	N
Stribeck-Geschwindigkeit, Lenksäule	$v_{s,LS}$	m/s

Parameter	Symbol	Einheit
Exponent, Lenksäule	α_{LS}	-
Steifigkeit der Reibung des Lenkgetriebes	$\sigma_{0,LG}$	N/m
Dämpfungskoeffizient der Reibung des Lenkgetriebes	$\sigma_{1,LG}$	Ns/m
Koeffizient für viskose Reibung des Lenkgetriebes	$\sigma_{2,LG}$	Ns/m
Haftreibkraft des Lenkgetriebes	$F_{S,LG}$	N
Gleitreibkraft des Lenkgetriebes	$F_{C,LG}$	N
Stribeck-Geschwindigkeit, Lenkgetriebe	$v_{s,LG}$	m/s
Exponent, Lenkgetriebe	α_{LG}	-

Printed in the United States
By Bookmasters